U0163603

著者简介

森巧尚

  软件工程师，科技作家，兼任日本关西学院讲师、关西学院高中科技教师、成安造形大学讲师、大阪艺术大学讲师。

  著有《Python一级：从零开始学编程》《Python二级：桌面应用程序开发》《Python二级：数据抓取》《Python二级：数据分析》《Python三级：机器学习》《Python三级：深度学习》《Java一级》《动手学习！Vue.js开发入门》《在游戏开发中快乐学习Python》《算法与编程图鉴（第2版）》等。

Python

三级
深度学习

〔日〕森巧尚 著

蒋萌 胡鉴 译
王冰清 审校

科学出版社

北　京

图字：01-2023-5985号

内 容 简 介

随着ChatGPT的横空出世，AI和深度学习成了人们热议的焦点。那么，深度学习究竟是什么？它又能为我们做些什么呢？本书旨在解答这些疑惑，带领读者体验深度学习。

本书以山羊博士和双叶同学的教学漫画情境为引，以对话和图解为主要展现形式，生动地讲解深度学习的原理，同时借助免费的在线演示教育平台TensorFlow Playground，以直观的可视化方式展示人工神经网络的学习过程，并循序渐进地讲解深度学习的方法，最后带领读者使用Python完成对各类图像数据的深度学习。

本书适合Python初学者自学，也可用作青少年编程、STEM教育、人工智能启蒙教材。

图书在版编目（CIP）数据

Python三级. 深度学习 / (日) 森巧尚著；蒋萌，胡鉴译. -- 北京：科学出版社，2024. 6. -- ISBN 978-7-03-078723-1

Ⅰ．TP311.561

中国国家版本馆CIP数据核字第2024Q6D934号

责任编辑：许寒雪　杨　凯 / 责任制作：周　密　魏　谨
责任印制：肖　兴 / 封面设计：张　凌

科 学 出 版 社 出版

北京东黄城根北街16号
邮政编码：100717
http://www.sciencep.com

三河市春园印刷有限公司印刷

科学出版社发行　各地新华书店经销
＊

2024年6月第 一 版　　　开本：787×1092　1/16
2024年6月第一次印刷　　　印张：14
　　　　　　　　　　字数：280 000

定价：68.00元

（如有印装质量问题，我社负责调换）

前　言

近年来，人工智能（AI）技术，尤其是深度学习已经与我们的生活和商务产生了更为紧密的联系。近期，诸如 ChatGPT 等的 AI 应用更是成为人们关注的热点话题。

本书将带读者轻松愉快地走进深度学习的世界，实际使用 Python 进行深度学习。本书不涉及复杂的数学公式，仅通过插图和动画等直观讲解抽象的深度学习的基本概念。

本书第 1 章介绍深度学习的基本思维方式；第 2 章带读者体验经典人工神经网络的学习原理；第 3 章通过专业的教学内容，利用动画直观地讲解神经网络的学习过程；第 4 章带读者体验人工神经网络的具体应用，从 XOR 电路和模拟猜拳入手，了解数字和服装图像的识别技术；第 5 章利用基于人眼开发的卷积神经网络（CNN）带读者体验各种彩色图像的学习。

本书原本写于 2022 年，当时我以即将闻名于世的 ChatGPT 作为示例介绍深度学习，但在编写过程中，ChatGPT 不断发展并名声大噪，我不得不反复修改本书内容。深度学习的发展就是如此日新月异。

希望读者能够通过本书走进深度学习的世界，感受深度学习的独特魅力。下面就让我们一起体验深度学习吧。

森巧尚

关于本书

读者对象

本书是专为深度学习的初学者，以及想要学习深度学习的读者创作的入门书籍。本书以对话形式讲解深度学习的原理，即便是初学者也能轻松进入深度学习的世界。

本书特点

本书在"Python 一级"和"Python 二级"的基础上丰富了技术层面的内容。为了让初学者也能轻松学习，本书内容遵循以下三个特点展开。

特点 1　以插图为核心概述知识点

每章开头以漫画或插图构建学习情境，之后在"引言"部分以插图的形式概述整章的知识点。

特点 2　以对话形式详解基础语法

精选基础语法，以对话的形式，力求通俗易懂地讲解，以免初学者陷入困境。

特点 3　样例适合初学者轻松模仿编程

为初学者精选编程语言（应用程序）样例代码，以便读者快速体验开发过程，轻松学习。

山羊博士

双叶同学

阅读方法

为了让初学者能够轻松进入深度学习的世界，并保持学习热情，本书作了许多针对性设计。

以漫画的形式概述每章内容
借山羊博士和双叶同学之口引出
每章的主要内容

每章具体要学习的内容一目了然
以插图的形式，通俗易懂地介绍
每章主要知识点和学习流程

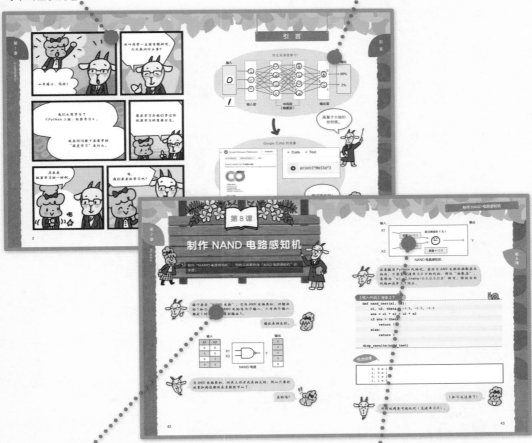

以对话的形式讲解概念
借助山羊博士和双叶同学的对话，
风趣、简要地讲解概要和代码

附有图解说明
尽可能以图解的形式代替
晦涩难懂的措辞

目　录

第 5 章　用 CNN 识别图像

第6章 尝试更多分类

第 1 章

什么 是 深度 学习？

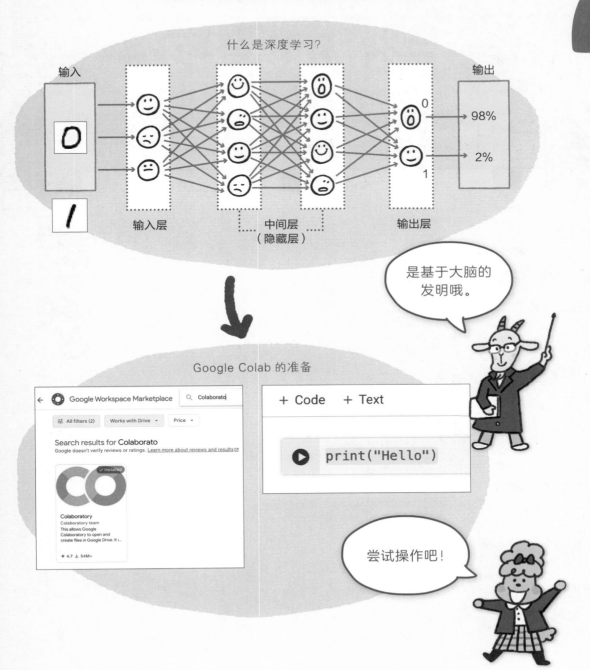

什么是深度学习?

输入

输入层

中间层
(隐藏层)

输出层

输出

98%

2%

是基于大脑的
发明哦。

Google Colab 的准备

＋ Code ＋ Text

```
print("Hello")
```

尝试操作吧!

第1课

什么是深度学习?

下面开始学习深度学习的原理。什么是深度学习呢?

山羊博士,深度学习的原理是什么呢?

双叶同学,你好啊。怎么突然问这个?

谢谢您带我学习《Python 三级:机器学习》!我现在已经掌握各种机器学习的原理了,但我还没接触过深度学习。

双叶同学,你觉得什么是深度学习呢?

这个嘛——深度学习是一种机器学习,它使用多层神经网络自动从数据中学习。在图像识别、语音识别和自然语言处理等多种任务中均有应用。它参考了人类的认知和学习方式,能得到高精度结果。

咦?双叶同学,你很懂啊。

嘿嘿嘿。上面的回答是"ChatGPT"告诉我的,厉害吧!虽然它给了我答案,但我还是不明白。山羊博士,您来教教我吧。

哎呀,那我就来告诉你什么是深度学习吧。

什么是深度学习?

深度学习是一种机器学习,它使用多层人工神经网络自动从数据中学习。在图像识别、语音识别和自然语言处理等多种任务中均有应用。它参考了人类的认知和学习方式,能得到高精度结果。

我们从概述开始吧。机器学习是"机器(计算机)学习数据,并进行预测和分类的技术"。

嗯嗯,是的。

其中最容易理解的是"有监督学习",即利用大量的"问题和对应答案"进行学习。

就像我们大量刷题一样。

通过学习,找到表示数据倾向的线,从而进行"预测",或在数据中找到分界线,从而进行"分类。"

有监督学习就是"从数据中找线"。

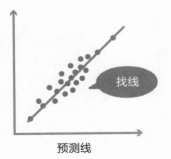

预测线

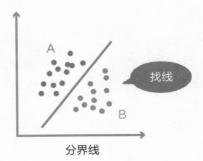

分界线

其实深度学习是机器学习的一种，在有监督学习领域取得了很多突破。

原来如此。

深度学习与其他机器学习主要有两点不同。第一点是"具有主动学习的能力"，其他机器学习需要人类告诉它什么是对学习有效的特征数据，而深度学习会自己找出对学习有效的特征数据。

这么方便！

第二点是"处理复杂数据的能力极强"。深度学习具有复杂的网络结构，能够轻松处理大量复杂数据，从而提取自然特征，进行高精度预测和分类。

比普通的机器学习还要聪明啊。山羊博士，深度学习具体能做什么呢？

它擅长处理复杂分类任务，常用于图像识别、语音识别和自然语言处理等。此外，利用深度学习开发的生成模型，还能自动生成图像、合成语音和编写文章等。

深度学习的应用案例

图像识别

- 人脸识别系统
- 工厂的次品检测
- 图像搜索服务
- 面包店的收银服务
- 医疗图像解析
- 自动驾驶中的应用
- 图像的自动生成

语音识别

- 智能手机的语音助手
- 自动语音翻译
- 会议记录服务
- 自然语音合成

自然语言处理

- 自动翻译服务（DeepL 翻译）
- 咨询回复服务
- 对话型 AI（ChatGPT）

对了，双叶同学刚才使用的 OpenAI 的 ChatGPT（截至 2023 年 6 月）也是深度学习的一种，它使用 Transformer 模型进行自然语言处理（回答问题、机器翻译、自动总结）。

什么！原来是深度学习在回答我关于深度学习的问题！

而且 ChatGPT 为了能高效学习庞大的数据，采用了"有监督学习"和"无监督学习"相组合的半监督学习。

哇！

近年来，人工智能逐渐成为我们触手可及的工具，很多知名人士也经常使用 ChatGPT。

跟我使用一样的工具呀。

但是必须注意，ChatGPT 并不是理解了问题的含义后作答，而是选择能够衔接问题的高概率语句作答，因此它回答的也可能是错误的。它学习的是网上的信息，因此它说的并非是"绝对正确的回答"，而是"人们常用的回答"。在大多数情况下它回答的是正确的，但也有可能是错误的，所以你可以把它当作"擅长聊天的网络倾听者"。

原来是这样。但是深度学习为什么那么聪明呢？

很久以前，人们为了制作聪明的人工智能，想到"既然人脑能进行智能活动，那就应该模仿人脑的行为"，人工智能由此逐步发展起来。

基于人脑的深度学习

深度学习是基于人脑学习的原理发明的。

哇，那深度学习的原理和人脑学习的原理完全一样吗？

并不完全一样。人脑非常复杂，现在我们也没有完全研究透彻，还做不到完全模拟人脑。

是吗？

是的，但我们对人脑有一定的了解，人脑是由大量"神经元"组成的。神经元的尺寸很小，据说1mm³的人的大脑皮层中有多达 10 万个神经元，整个人脑有约 1000 亿个神经元，大量神经元连成了网络。

哦——人脑是由这么多神经元组成的啊。

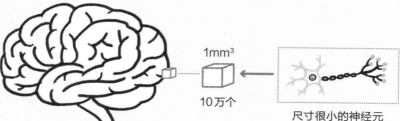

1mm³

10万个

1000亿个

尺寸很小的神经元

人脑中神经元和神经元之间是通过传递电信号来工作的，因此我们先来关注"神经元的结构"。

人脑的整体结构太过复杂，所以先研究"零件"。

神经元包含大量被称为"树突"的突起，长长的"轴突"和末端的"轴突末梢"。"输入"树突的信号将从轴突末梢"输出"。

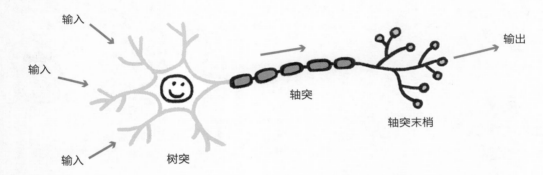

输入

输入

输出

轴突

轴突末梢

输入

树突

轴突末梢与下一个神经元的树突相连，就这样越连越多，在人脑中形成整个网络。

人脑中有这么多连接啊。

神经元的树突接收信号，再传递给下一个神经元，但并不是直接传递。

不是直接传递？

输入信号较少时不输出信号，等到信号多起来，超过某个值（阈值）时，才会输出信号。

哇！也就是说，信号越多证明越重要，当多到一定程度时才将其传递出去。

神经元之间的连接处叫作"突触"。突触因为频繁传递信号而被强化，重要信号也因此成长为更强的信号。

频繁传递信号会强化神经元啊。深度学习经过反复练习来学习数据，就是基于神经元的原理。

"感知机"就是根据神经元的原理发明出来的，它是经典人工神经网络，是弗兰克·罗森布拉特在 1957 年发明的。

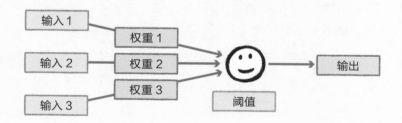

这么说，是 60 多年前发明的呀。

感知机和神经元一样，接收多个输入，经过某种处理，再输出结果。从某种意义上说，可以视感知机为一种函数。

原来如此，跟程序联系上了。

而且这种函数与神经元相同，关注信号的重要程度。

什么意思？

多个输入对应多个的"权重"。输入的数值要分别乘以权重。权重代表输入的重要程度。

权重表示输入的重要程度啊。

将各个乘积求和，如果值大于"阈值"，就输出"1"，否则输出"0"。

这的确和神经元相同。

神经元

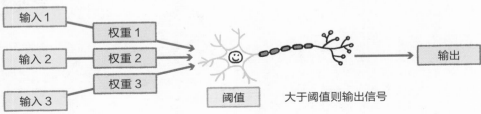

感知机

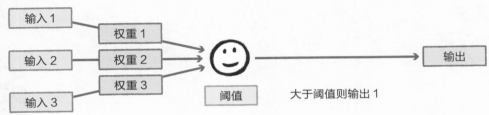

11

使用感知机可以将数据分为两类。我们将在第 2 章制作感知机。

好期待！

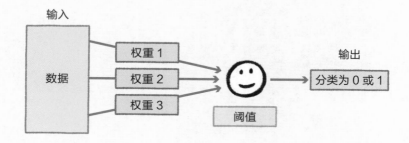

虽然感知机一开始受到极大的关注，但随着人们意识到它只能进行简单的分类，它便逐渐失玄热度。

哎呀呀。

感知机只能进行简单的分类

分为两类

随后，人们发明了融合多个人工神经元的"人工神经网络（ANN）"。它具有由"输入层""中间层（隐藏层）""输出层"组成的层结构。这样就能解决更复杂的问题了。

这次大量人工神经元一起工作了。

例如，当它看到"数字图像"等复杂数据时，能够预测"该数据为 0 的概率是 90%，为 1 的概率是 10%"。我们将在本章末尾和第 4 章实现这一点。

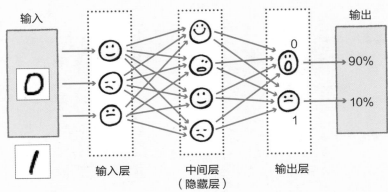

输入

输出

90%

10%

输入层　中间层　输出层
　　　（隐藏层）

人们发现将中间层增加至两层或三层能解决更复杂的问题，使用"误差反向传播法"还能实现自主学习，差点儿又掀起热潮。

差点儿？

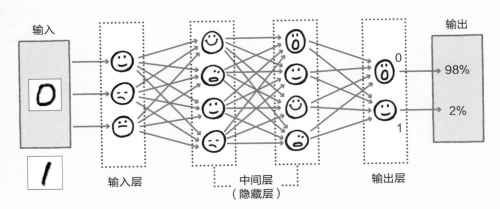

输入

输出

98%

2%

输入层　　　中间层　　　输出层
　　　　　（隐藏层）

实际上出现了"梯度消失问题"，也就是层数过多会导致无法顺利学习。人们找不到解决办法，所以热度再次下降。

哎呀。

2006 年，杰弗里·欣顿提出了"自编码器"，解决了"无法顺利学习"的问题，推动了人工神经网络的发展。

欣顿好棒！

后来，人们训练出了数十层的大型人工神经网络，能够解决更加复杂的问题了。尽管没有明确标准，人们开始将中间层为三层以上的人工神经网络称为"深度学习"。"深"指的就是层数多。

深度学习就是人工神经网络呢。

接下来继续发展。2012 年，谷歌成功地让人工智能在没有人类教导的情况下自发地识别猫。2016 年，DeepMind 制作的人工智能机器人"阿尔法围棋"战胜了专业棋手。

一下子进步这么大。

第3课

自主学习的原理：误差反向传播法

深度学习可以自主学习。自主学习的原理是什么呢？

山羊博士，为什么深度学习要自主学习呢？

它通过反复自主学习，不断强化与正确答案的连接，弱化与错误答案的连接，就这样逐渐接近正确答案。

嗯？具体是怎么做到的？

这应用了1986年鲁梅尔哈特提出的"误差反向传播法"。

误差反向传播法？

在人工智能中，学习的主体叫作"模型"。首先，我们突然向模型提问，并令其回答。

突然提问？

是的。紧接着对照答案。但是面对不会的问题，谁答错的概率都会很大，模型也是这样。

都没学过就考试，真讨厌！

15

 为什么会答错呢？起初，人工神经元权重是随机设定的，所以要查看"回答和正确答案之间的差"，即误差，并根据误差修正权重。

误差？

 深度学习要学习"问题和对应的答案"。因为此时知道正确答案，所以可以得到模型预测的回答的错误程度，这就是误差。

与正确答案不同，所以要修正权重。

 误差太大就表示错误太大。模型思考的权重不当，因此要大幅修正权重。

错误太大，就要重新思考。

 当误差很小时，模型思考的权重只有轻微不当，只要稍微修正权重即可。

所以有必要查看误差大小。

 查看误差大小的函数叫作"损失函数"。

使用"损失函数"就能修正权重吗？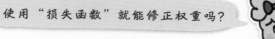

只使用损失函数是不够的。使用损失函数能知道误差大小，但不能知道"为了减少误差应该增大还是减少权重"，因此要使用"优化算法"。优化算法有很多，最基本的是"梯度法"。

梯度法？

它能查看误差的倾斜方向。如向右下倾斜就增大权重，向左下倾斜就减少权重，以此减少误差。

是这样减少误差的呀。

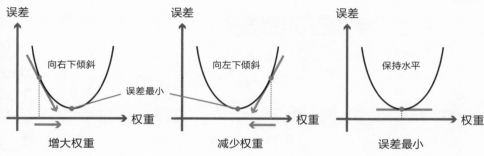

那"反向传播"是什么意思？

模型在回答问题时，信号依次从输入层传递到输出层，这叫作"正向传播"。

嗯嗯。

相对地，用误差修正权重时，要将"从结果中得出的误差"从输出层传递到输入层，反向修正权重。误差被反向传播，因此叫作"误差反向传播法"。

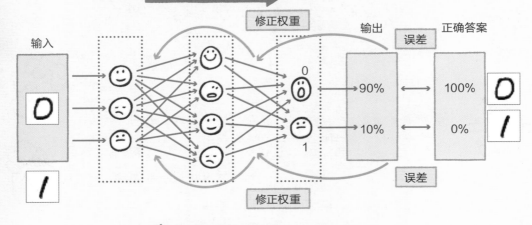

正向传播

修正权重

输入　　　　　　　　　　　　　　　　输出　　正确答案

误差

0

1

90%　　100%

10%　　0%

误差

修正权重

反向传播

但是，只修正一次就能学习了吗？

当然不能。有时候要重复修正几百次，甚至几千次呢。

什么？要修正这么多次！

我们将"回答问题并用误差修正权重"的过程算作一次学习，称作"时期（Epoch）"。即使刚开始全是错误的，在经过大量学习后也会逐渐接近正确答案。这就是自主学习的原理。

人工智能也能自主学习，真是踏实肯学啊。

第4课

准备 Google Colab

Google Colaboratory（以下简称 Google Colab）是尝试深度学习的环境。我们来看看它的准备方法吧。

我们使用 Python 实际操作一下吧。

太好啦！

我们要用 Python 准备支持深度学习的环境，但深度学习需要大量计算。因此，我们要用到高速计算机，甚至要用到"GPU"（一种处理器），这准备起来要费一番工夫。

可是我的计算机没那么高级呀。

所以我们要应用 Google Colab 这一便捷的环境。

我们在《Python 三级：机器学习》中也用过。

Google Colab 是一项只要有 Google 账号和浏览器，就能直接使用 Python 程序的服务。在"单元格"中输入代码，运行后的结果会立刻显示在单元格下方，然后在结果下方的单元格中添加接下来的代码。因为可以将长程序分段输入并运行，所以 Google Colab 适用于数据分析和人工智能等"边确认过程，边思考，边推进"的处理。

※ 本书将使用 Google Colab 进行学习。有使用经验的读者请跳到第 26 页的第 5 课。

19

① 准备 Google 账号

使用 Google Colab 需要 Google 账号。首先，使用 Chrome、Edge、Safari 等浏览器创建 Google 账号。保存的数据会存入 Google 的云端硬盘（Drive）。登录同一个 Google 账号，可以在其他计算机或 iPad 等上继续作业。

② 添加 Google Colab 应用

通过 Chrome、Edge、Safari 等浏览器登录 Google 账号，然后访问 Google 页面，❶ 打开 Drive。

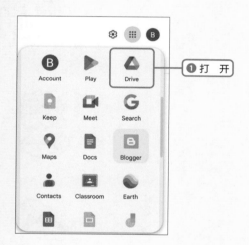

❷ 点击"+ 新建"（+New），❸ 再点击"其他▶添加应用"（More ▶ Connect more apps）。

来添加吧！

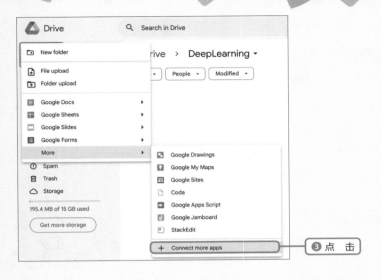

在出现的对话框的搜索栏中输入"colab"，④ 点击出现的"Colaboratory"，⑤ 再点击"安装"（Install），安装 Google Colab。

※ 只在未安装 Google Colab 的计算机中首次使用时进行该操作。

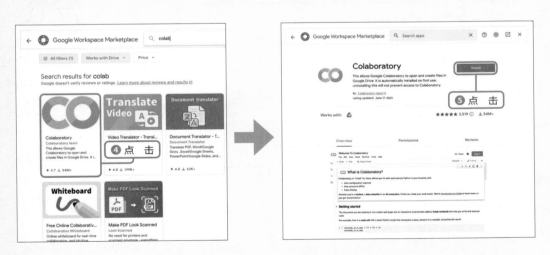

③ 新建笔记本文件

点击"+New"，❶❷ 再点击"More ▶ Google Colaboratory"，创建新的笔记本并打开。

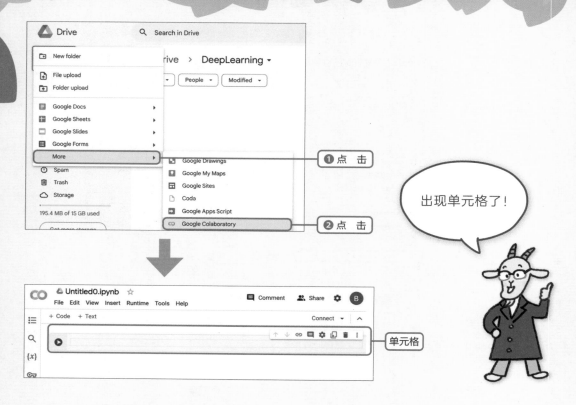

出现单元格了！

单元格

④ 修改笔记本文件名

页面左上角的"Untitled0.ipynb"是笔记本的文件名。❶ 点击修改文件名，我们将其修改成"DLtest1.ipynb"等易于理解的名称。

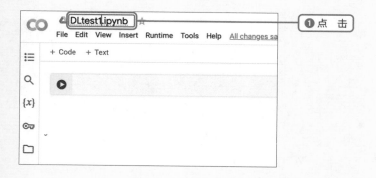

❶ 点 击

⑤ 在单元格中输入代码

新建笔记本文件后，尝试在单元格中输入一段 Python 代码。矩形框就是"单元格"。Python 代码参考清单 1.1。

【输入代码】清单 1.1

```
print("Hello")
```

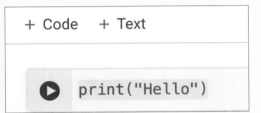

⑥ 运行单元格

❶ 点击单元格左侧的"运行单元格"按钮（ ▶ ），会运行"选中的单元格"，运行结果显示在单元格下方。或者，同时按下键盘上的 Ctrl 和 Enter 也可以运行单元格。

输出结果

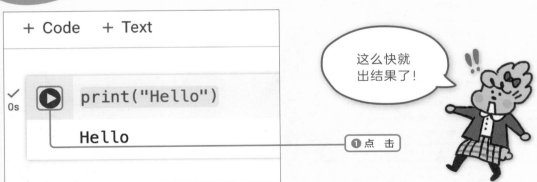

❶ 点 击

这么快就出结果了！

※ 单元格左侧会有"[1]"等数字。该数字表示"自打开该页，单元格被运行的次数"，每运行一次，数字增加 1。
※ 第一次运行会花费一些时间，但从第二次开始就可以立即运行。

23

⑦ 添加新单元格

❶ 点击"＋代码"（+Code）可以增加新单元格。点击"＋文本"（+Text）可以添加解释性文本单元格。

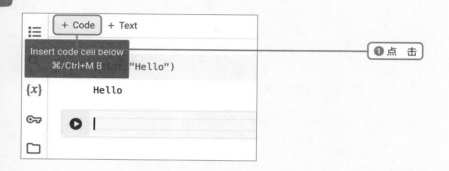

⑧ 保存笔记本文件

在"文件"（File）菜单中 ❶ 选择"保存"（Save），笔记本文件将保存在 Drive 中。

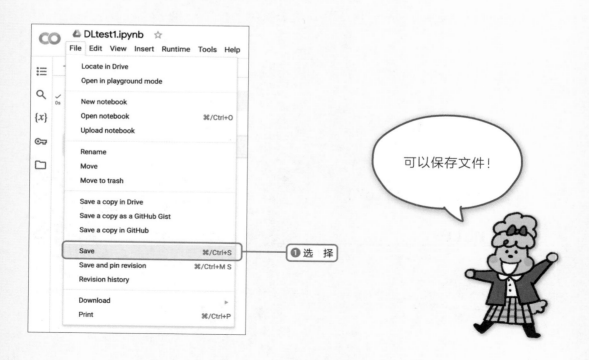

可以保存文件！

Google Colab 有 90 分钟规则和 12 小时规则。即当"距离上一次运行代码超过 90 分钟"或"即使代码在运行，但打开笔记本文件已超过 12 小时"时，页面会出现"运行中断"（Runtime disconnected）对话框，然后返回页面打开时的状态。

当天运行的结果、用 pip 安装的库和为测试上传的图像文件都会被重置。但是输入的代码会保留在页面上，可以从上到下再次运行。

Runtime disconnected

Your runtime has been disconnected due to inactivity or reaching its maximum duration. Learn more

If you are interested in longer runtimes with more lenient timeouts, you may want to check out Colab Pro.

Close   Reconnect

※ 学习本书内容使用 Google Colab 免费版即可。如需深入使用，可以升级至收费版（Colab Pro）。尽管免费版有运行时间和内存等限制，但是支持使用 GPU，能满足学习需求。

记住 90 分钟规则和 12 小时规则吧！

第5课

开始深度学习

准备好 Google Colab，就可以进行试运行了。让我们输入并运行一段简单的代码吧。

已经准备好 Google Colab 了，我们现在就编写一个"数字图像识别的人工神经网络"吧！

咦，这么快！

先尝试一下，输入清单 1.2，注意不要输错。

在 Google Colab 的单元格中输入清单 1.2 中的代码并运行。

【输入代码】清单 1.2

```
import keras
from keras import layers
from keras.datasets import mnist

(x_train, y_train),(x_test, y_test) = mnist.load_data()
x_train, x_test = x_train / 255.0, x_test / 255.0
model = keras.models.Sequential()
model.add(layers.Flatten(input_shape=(28, 28)))
model.add(layers.Dense(128, activation="relu"))
model.add(layers.Dense(10, activation="softmax"))
```

```
model.compile(optimizer="adam",
              loss="sparse_categorical_crossentropy",
              metrics=["accuracy"])
model.fit(x_train, y_train, epochs=5,
          validation_data=(x_test, y_test))
```

输出结果

```
Downloading data from https://storage.googleapis.com/tensorflow/
  tf-keras-datasets/mnist.npz
11490434/11490434 [==============================] - 0s 0us/step
Epoch 1/5
1875/1875 [==============================] - 22s 11ms/step -
  loss: 0.2561 - accuracy: 0.9268 - val_loss: 0.1357 - val_
  accuracy: 0.9618
（略）
Epoch 4/5                              逐渐变长的条形图
1875/1875 [==============================] - 7s 4ms/step -
  loss: 0.0584 - accuracy: 0.9821 - val_loss: 0.0819 - val_
  accuracy: 0.9753
Epoch 5/5
1875/1875 [==============================] - 7s 4ms/step -
  loss: 0.0439 - accuracy: 0.9861 - val_loss: 0.0686 - val_
  accuracy: 0.9778
<keras.callbacks.History at 0x7f776b975460>
```

（以上为示例结果。学习过程中的数值会有所不同。）

上面有逐渐变长的条形图，这就结束了？

条形图逐渐变长表示人工神经网络正在学习。当条形图
结束变长时，学习就完成了。接下来，输入清单1.3中
的代码，提供一个"数字的图像数据"，并让它"预测
数字"。

【输入代码】清单1.3

```
import matplotlib.pyplot as plt
import numpy as np


plt.imshow(x_test[0], cmap="Greys")
plt.show()
```

```
pre = model.predict(x_test)
index = np.argmax(pre[0])
print(f" 这张图是 "{index}"。")
```

输出结果

```
313/313 [==============================] - 1s 2ms/step
这张图是 "7"。
```

它看到图像上的"7"就预测出是"7"了，一下子就看出来了！

刚才是 Google Colab 的试运行。你可能不明白代码的意思，稍后我给你讲讲！

出现结果了，好开心！

预测成功了！

下面来制作"感知机"。

感知机就是
人工神经元，对吧？

对。我们来制作感知机中
常用的 AND 电路和
OR 电路等逻辑电路。

啊！好像很难。

你可以把这
当作解谜游戏！

好有趣！

那就开始吧！

好！

引 言

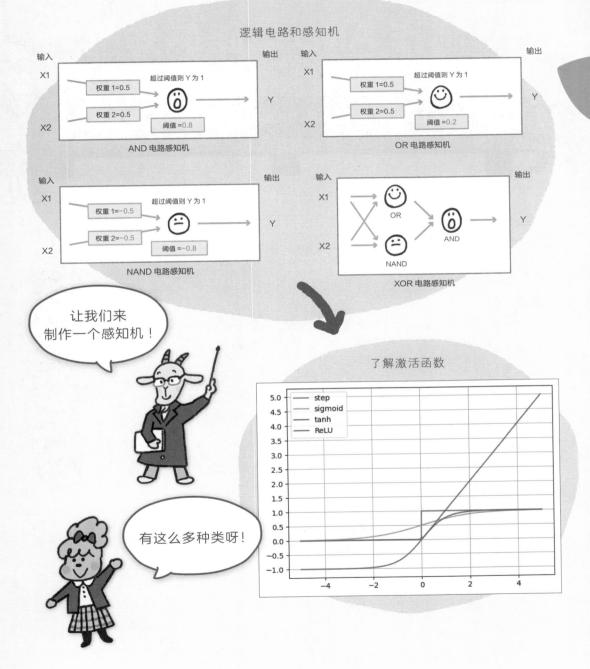

逻辑电路和感知机

输入 X1 权重1=0.5 超过阈值则 Y 为 1 阈值=0.8 输出 Y
X2 权重2=0.5
AND 电路感知机

输入 X1 权重1=0.5 超过阈值则 Y 为 1 阈值=0.2 输出 Y
X2 权重2=0.5
OR 电路感知机

输入 X1 权重1=-0.5 超过阈值则 Y 为 1 阈值=-0.8 输出 Y
X2 权重2=-0.5
NAND 电路感知机

输入 X1 OR AND 输出 Y
X2 NAND
XOR 电路感知机

让我们来制作一个感知机！

了解激活函数

有这么多种类呀！

第6课

制作 AND 电路感知机

制作由人工神经元构建的感知机。首先尝试制作简单的"AND 电路感知机"。

接下来制作由人工神经元构建的"感知机"吧。

好兴奋。

AND 电路和 OR 电路等逻辑电路常被作为制作感知机的示例，我们也来试试吧。

啊！我想玩得更开心。

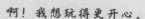

我们从简单的开始，你可以把它当作解谜游戏。

解谜呀，那就有意思了。

首先新建笔记本文件，在 Dirve 中点击"+New"按钮，❶❷ 再点击"More ▶ Google Colaboratory"。❸ 然后点击左上角的文件名，将其修改为"Dltest2.ipynb"。

先制作"AND 电路"。AND 电路有两个输入，仅当两个输入都是 1 时输出 1，其他情况输出 0。

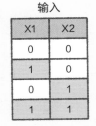

输入	
X1	X2
0	0
1	0
0	1
1	1

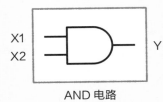

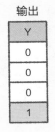

AND 电路

输出
Y
0
0
0
1

先编写一段简单的代码，使其可以实现当两个输入都是 1 时输出 1，其他情况输出 0。可以使用 if 语句完成这段代码的编写，再加上显示结果的代码，如清单 2.1 所示。

【输入代码】清单 2.1

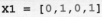

```
X1 = [0,1,0,1]
X2 = [0,0,1,1]


def test(x1, x2):
    if x1 == 1 and x2 == 1:
        return 1
```

```
    else:
        return 0

def disp_results(func):
    for i in range(4):
        Y = func(X1[i], X2[i])
        print(f"{X1[i]}, {X2[i]} = {Y}")

disp_results(test)
```

首先以列表 **X1** 和 **X2** 的形式准备要输入的数据。

然后创建进行处理的函数 **test()**，设"若两个输入都是 1，则返回 1，否则返回 0"。

最后创建显示结果的函数 **disp_results()**，它的参数是函数。向 **disp_results()** 输入 **X1**、**X2** 的数据，可显示"输入值 1，输入值 2= 输出值"。

组合多个变量制作字符串时，可以使用 **f** 字符串。

【格式】f 字符串的写法

f" 字符串 { 变量名或表达式 } 字符串 **"**

在 **f** 字符串中，要用大括号将变量名括起来，这样"{ 变量名 }"部分就会替换为"变量值"。我们这次希望显示"{ 输入值 1},{ 输入值 2}={ 输出值 }"，因此代码为 **print(f"{X1[i]}, {X2[i]} = {Y}")**。

输入后点击"运行单元格"按钮。

输出结果

```
0, 0 = 0
1, 0 = 0
0, 1 = 0
1, 1 = 1
```

"若两个输入都是 1 则输出 1"的函数做好啦。

接下来用感知机实现相同的处理。不使用"if x1==1 and x2==1:"这种 if 语句。

那用什么方法？

用"找到合适的权重和阈值"的方法。

好神奇！找到权重和阈值就能做出来，真的像解谜一样啊。但怎么找权重和阈值呢？

只要达到目的就可以了，值的组合可以有很多种，这就是感知机的灵活之处，例如，用权重 1 和权重 2 是"0.5"，阈值是"0.8"的组合，就可以实现像 AND 电路一样的工作。

第 6 课

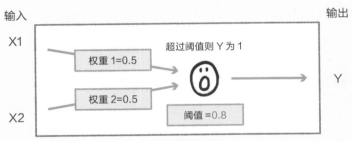

AND 电路感知机

这就是感知机吗？

当两个输入都是 1 时，权重与输入分别相乘再求和，0.5x1+0.5x1=1，1 大于 0.8，所以输出 1。当一个输入是 1，另一个输入是 0 时，0.5x1+0.5x0=0.5，0.5 小于 0.8，所以输出 0。这就和 AND 电路的结果一样了。

原来如此。

用 Python 实现上面的原理吧。

用 Python 制作 "AND 电路感知机"，代码如清单 2.2 所示。

【输入代码】清单 2.2

```python
def and_test(x1, x2):
    w1, w2, theta = 0.5, 0.5, 0.8
    ans = w1 * x1 + w2 * x2
    if ans > theta:
        return 1
    else:
        return 0

disp_results(and_test)
```

创建感知机函数 **and_test()**，函数有两个参数。首先，确定两个权重和阈值，权重使用变量 **w1** 和 **w2** 表示，阈值使用变量 **theta** 表示。一次性定义多个变量时可以用逗号分隔变量。变量可以用一行代码定义，如 **w1,w2,theta= 0.5,0.5,0.8**，这种写法只是便于阅读，编程时也可以分三行写。

【格式】为多个变量赋值

变量名 1，变量名 2，变量名 3 = 值 1，值 2，值 3

接下来求和。将每个权重乘以输入值后求和，再将和赋值给变量 **ans**，即 **ans = w1* x1 + w2* x2**。若和（**ans**）大于阈值（**theta**）则返回 1，否则返回 0，感知机就做好了。

点击"运行单元格"按钮。

输出结果

```
0, 0 = 0
1, 0 = 0
0, 1 = 0
1, 1 = 1
```

"当两个输入都是 1 时返回 1"了。但有没有方法能确认分类成功了呢?

那我们就用《Python 三级:机器学习》中学过的知识,制作"将分类状态可视化的函数"吧。

好!

对该函数输入 3 个参数:感知机函数、第一个输入、第二个输入,就可以将"数据的散点"和"分类情况"可视化了。

输入清单 2.3 中的代码。输入量较大,可以扫描封底的二维码,下载并使用源代码。

※ 清单 2.3 中的函数与深度学习的原理没有直接关系,特此省略讲解。

【输入代码】清单 2.3

```python
import numpy as np
import matplotlib.pyplot as plt


def fillscolors(data):
    return "#ffc2c2" if data > 0 else "#c6dcec"
def dotscolors(data):
    return "#ff0e0e" if data > 0 else "#1f77b4"


def plot_perceptron(func, X1, X2):
    plt.figure(figsize=(6, 6))
    XX, YY = np.meshgrid(
        np.linspace(-0.25, 1.25, 200),
        np.linspace(-0.25, 1.25, 200))
    XX = np.array(XX).flatten()
    YY = np.array(YY).flatten()
    fills = []
    colors = []
    for i in range(len(XX)):
```

```
        fills.append(func(XX[i], YY[i]))
        colors.append(fillscolors(fills[i]))
    plt.scatter(XX, YY, c=colors)

dots = []
colors = []
for i in range(len(X1)):
    dots.append(func(X1[i], X2[i]))
    colors.append(dotscolors(dots[i]))
plt.scatter(X1, X2, c=colors)
plt.xlabel("X1")
plt.ylabel("X2")
plt.show()
```

现在，输入感知机函数和两个输入值，观察分类情况。代码如清单 2.4 所示。

【输入代码】清单 2.4

```
plot_perceptron(and_test, X1, X2)
```

输出结果

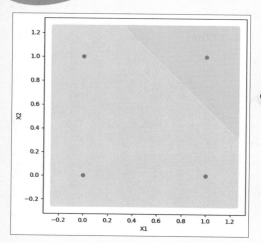

横轴是 X1，纵轴是 X2。"0,0" "0,1" "1,0" 是蓝点，"1,1" 是红点。背景已区分颜色，表示分类情况。

好厉害！能看出来分类成红色和蓝色了。

第 7 课

制作 OR 电路感知机

制作"OR 电路感知机"只需要修改"AND 电路感知机"的参数。

接下来是"OR 电路":有两个输入,只要有一个输入为 1 就输出 1,否则输出 0。

输入	
X1	X2
0	0
1	0
0	1
1	1

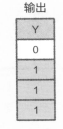

OR 电路

输出
Y
0
1
1
1

同样只要确定权重和阈值就可以实现 OR 电路。比如,只要将刚才的 AND 电路的阈值改为"0.2"就可以了。

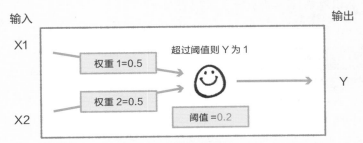

输入

X1

权重 1=0.5

超过阈值则 Y 为 1

输出

Y

权重 2=0.5

阈值 =0.2

X2

OR 电路感知机

39

这样就可以了？

试着编写 Python 代码吧。因为与 AND 电路的函数基本相同，所以复制清单 2.2 中的代码，修改"函数名"和"w1,w2,theta=0.5,0.5,0.8"就可以了，修改后的代码，如清单 2.5 所示。

【输入代码】清单 2.5

```python
def or_test(x1, x2):
    w1, w2, theta = 0.5, 0.5, 0.2
    ans = w1 * x1 + w2 * x2
    if ans > theta:
        return 1
    else:
        return 0

disp_results(or_test)
```

输出结果

```
0, 0 = 0
1, 0 = 1
0, 1 = 1
1, 1 = 1
```

真的"只要有一个输入为 1 就输出 1"了。

我们也将它可视化吧（见清单 2.6）。

【输入代码】清单 2.6

```python
plot_perceptron(or_test, X1, X2)
```

输出结果

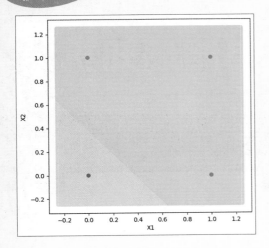

刚才蓝色多，这次红色多了。

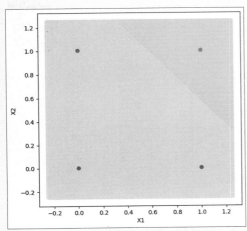

刚才（清单 2.4）的 AND 电路感知机的结果

第 8 课

制作 NAND 电路感知机

制作"NAND 电路感知机",同样只需要修改"AND 电路感知机"的参数。

接下来是"NAND 电路"。它与 AND 电路类似,但输出的 1 和 0 相反。NAND 电路有两个输入,只有两个输入都是 1 时输出 0,否则输出 1。

输出是相反的。

输入	
X1	X2
0	0
1	0
0	1
1	1

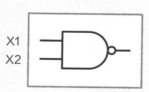

X1
X2

Y

NAND 电路

输出
Y
1
1
1
0

与 AND 电路类似,但是工作方式是相反的,所以只要把权重和阈值都改成负数就可以了。

真的吗?

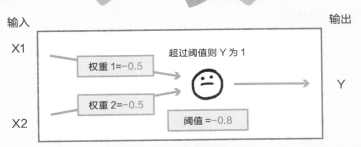

NAND 电路感知机

试着编写 Python 代码吧。因为与 AND 电路的函数基本相同，只要复制清单 2.2 中的代码，修改"函数名"，再修改"w1,w2,theta=0.5,0.5,0.8"即可，修改后的代码如清单 2.7 所示。

【输入代码】清单 2.7

```
def nand_test(x1, x2):
    w1, w2, theta = -0.5, -0.5, -0.8
    ans = w1 * x1 + w2 * x2
    if ans > theta:
        return 1
    else:
        return 0


disp_results(nand_test)
```

输出结果

```
0, 0 = 1
1, 0 = 1
0, 1 = 1
1, 1 = 0
```

1 和 0 反过来了！

同样地将其可视化吧（见清单 2.8）。

【输入代码】清单 2.8

```
plot_perceptron(nand_test, X1, X2)
```

输出结果

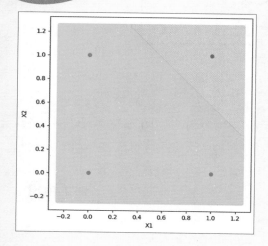

红色和蓝色反过来了。真的像谜题一样。

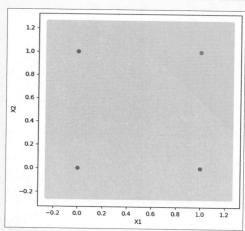

AND 电路感知机的结果

第 9 课

制作 XOR 电路感知机

接下来制作"XOR 电路感知机",这次不能只修改参数了。那应该怎么做呢?

这样就什么都能分类啦。

以前制作感知机的人一定也是这样想的。但其实也有无法分类的情况,比如 XOR 电路。

为什么不能分类?

"XOR 电路"表示"有两个输入,两个输入不同则输出 1,两个输入相同则输出 0"。

输入			输出
X1	X2		Y
0	0		0
1	0		1
0	1		1
1	1		0

X1
X2 ⟩─ Y

XOR 电路

应该能分类吧?

45

但是当输入是"0,1""1,0"时输出1，"0,0""1,1"时输出0，不能简单分类。如下图所示，分界线不是直线。

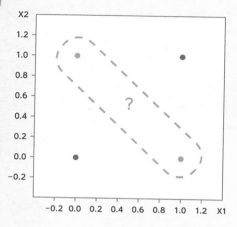

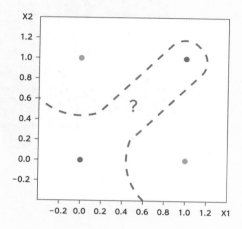

修改权重和阈值也不行吗？

那我们换一组完全不同的值来试一试吧。修改清单2.2中的"函数名"，再将"w1,w2,theta=0.5,0.5,0.8"中的值修改为"0.7,-0.3,0.2"（见清单2.9）。

【输入代码】清单2.9

```
def other_test(x1, x2):
    w1, w2, theta = 0.7, -0.3, 0.2
    ans = w1 * x1 + w2 * x2
    if ans > theta:
        return 1
    else:
        return 0

disp_results(other_test)
```

输出结果

```
0, 0 = 0
1, 0 = 1
0, 1 = 0
1, 1 = 1
```

好像不错啊?

那我们将其可视化（见清单 2.10）。

【输入代码】清单 2.10

```
plot_perceptron(other_test, X1, X2)
```

输出结果

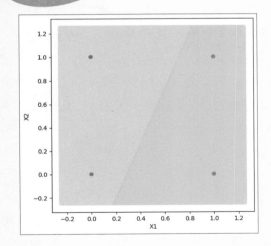

咦？只是斜率不一样，但也是用一条直线进行分类。

也就是说，一个感知机只能找出一条直线。所以人们又发明出了"多层感知机"。组合使用多个感知机就能实现 XOR 电路了。

哦。

实现 XOR 电路要使用 OR、NAND 和 AND 电路。首先给 OR 和 NAND 电路两个输入，然后会得到两个输出，再将这两个输出输入 AND 电路。

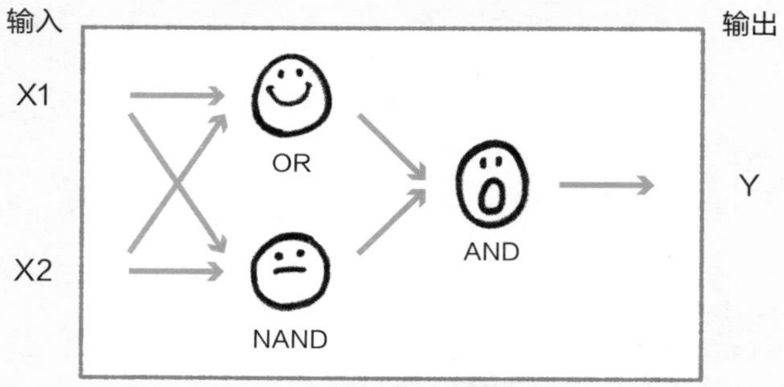

XOR 电路感知机

我们已经创建了 3 个函数，就用它们来制作吧（见清单 2.11）。先将 OR 的结果输入 s1，NAND 的结果输入 s2，再将 s1 和 s2 输入 AND，就得到 XOR 的结果了。

【输入代码】清单 2.11

```
def xor_test(x1, x2):
    if or_test(x1, x2) > 0:
        s1 = 1
    else:
        s1 = 0
    if nand_test(x1, x2) > 0:
        s2 = 1
    else:
        s2 = 0
    ans = and_test(s1, s2)
    if ans > 0:
        return 1
    else:
        return 0
```

```
disp_results(xor_test)
```

输出结果

```
0, 0 = 0
1, 0 = 1
0, 1 = 1
1, 1 = 0
```

啊，成功了！

看看可视化的结果吧，代码如清单 2.12 所示。

【输入代码】清单 2.12

```
plot_perceptron(xor_test, X1, X2)
```

输出结果

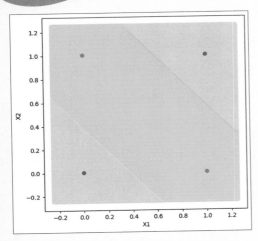

啊，用两条直线进行分类了！

从图上也可以看出，这是根据 OR 和 NAND 电路感知机的结果制作出来的。OR 电路感知机结果的左下角是蓝色的，NAND 电路感知机结果的右上角是蓝色的。它们合成了 XOR 电路感知机的结果。

确实如此。

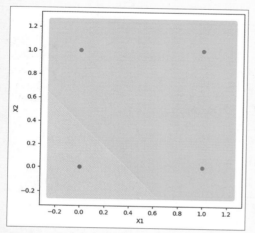

OR 电路感知机的结果

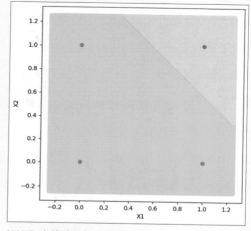

NAND 电路感知机的结果

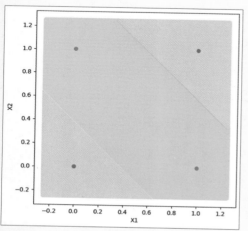

二者的结果相结合就是 XOR 电路感知机的结果

第10课

什么是激活函数？

感知机并不适合复杂的学习，下面我们来学习为更加复杂的学习而改良的激活函数。

增加感知机就能对一切进行分类了。

并不是这样的。感知机过于简单，不适合复杂的学习。

我还以为是一种好方法呢。

"权重与输入乘积的和超过某个阈值后继续输出"是个好思路，只不过太简单了，所以要将它改良一下。

这样啊，太好了。

这种"权重与输入乘积的和超过某个阈值后，激活并输出的函数"叫作"激活函数"。之前的感知机中的激活函数叫作"阶跃函数"。

阶跃函数？

我们通过图看看它们的区别。

51

我们要用图表示阶跃函数，首先要将 −5 ~ 5 等分成 500 份，使用 **x1=np. linspace(-5,5,500)** 制作 500 个输入值，即 **NumPy** 数组。然后将它输入阶跃函数，并输出结果。阶跃函数可以用 **if** 语句创建，但这次要处理的是 **NumPy** 数组，因此要使用功能像 **if** 语句的 **np.where(x>0,1,0)** 处理数组。这样就可以对数组的所有内容进行处理，如果大于 0 则返回 1，否则返回 0。将结果用 **matplotlib** 制成图。代码如清单 2.13 所示。

【输入代码】清单 2.13

```python
import numpy as np
import matplotlib.pyplot as plt


def step_func(x):
    return np.where(x>0, 1, 0)
x1 = np.linspace(-5, 5, 500)
y1 = step_func(x1)


plt.plot(x1, y1)
plt.legend(["step"], loc="best")
plt.yticks(np.arange(0, 1.2, step=0.5))
plt.grid()
plt.show()
```

输出结果

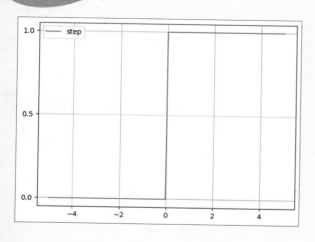

分段了！

分段了。

阶跃函数的斜率为零，所以看不出学习时是怎样减少误差，不便于学习。

因为太简单了。

因此人们发明了"sigmoid 函数"等曲线更平滑的激活函数。

嗯？我在《Python 三级：机器学习》中看到过 sigmoid 函数。

没错，sigmoid 函数能将输入值转换为 0 和 1 之间的值。输入清单 2.14 中的代码，我们将阶跃函数和 sigmoid 函数重叠起来看一看。

【输入代码】清单2.14

```
def sigmoid_func(x):
    return 1/(1+np.exp(-x))
x2 = np.linspace(-5, 5)
y2 = sigmoid_func(x2)

plt.plot(x1, y1)
plt.plot(x2, y2)
plt.legend(["step", "sigmoid"], loc="best")
plt.yticks(np.arange(0, 1.2, step=0.5))
plt.grid()
plt.show()
```

sigmoid 函数用 **1/(1+np.exp(-x))** 进行计算。为了与阶跃函数进行比较，创建 **sigmoid_func()** 函数并将其与阶跃函数重叠显示。

输出结果

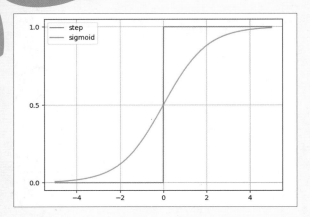

好平滑的曲线啊。

人们还发明出了其他激活函数（见清单 2.15）。sigmoid 函数将输入值转换为 0 和 1 之间的值，而 "tanh 函数" 有更强的表现力，可以将输入值转换为 −1 和 1 之间的值，能够提升学习速度。

【输入代码】清单 2.15

```python
def tanh_func(x):
    return np.tanh(x)
x3 = np.linspace(-5, 5)
y3 = tanh_func(x3)

plt.plot(x1, y1)
plt.plot(x2, y2)
plt.plot(x3, y3)
plt.legend(["step", "sigmoid", "tanh"], loc="best")
plt.yticks(np.arange(-1, 1.2, step=0.5))
plt.grid()
plt.show()
```

tanh 函数用 **np.tanh(x)** 进行计算，创建 **tanh_func()** 函数，同样重叠显示不同的激活函数。

输出结果

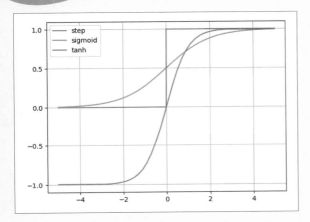

上下的幅度更大了。

人们还发明出能够高速计算的"ReLU 函数"（见清单 2.16）。它是一种类似阶跃函数的简单函数，"当输入值大于 0 时输出值本身，否则输出 0"。正是因为它计算简单，所以支持高速计算，并且学习效果非常好。

【输入代码】清单 2.16

```
def relu_func(x):
    return np.where(x>0, x, 0)
x4 = np.linspace(-5, 5)
y4 = relu_func(x4)

plt.plot(x1, y1)
plt.plot(x2, y2)
plt.plot(x3, y3)
plt.plot(x4, y4)
plt.legend(["step", "sigmoid", "tanh", "ReLU"], loc="best")
```

```
plt.yticks(np.arange(-1, 5.2, step=0.5))
plt.grid()
plt.show()
```

　　ReLU 函数的计算方法与阶跃函数的大致相同，只不过在阶跃函数输出 1 时，**ReLU** 函数输出输入值本身。使用 **np.where(x>0,x,0)** 创建 **relu_func()** 函数，同样重叠显示不同的激活函数。

　　输出结果

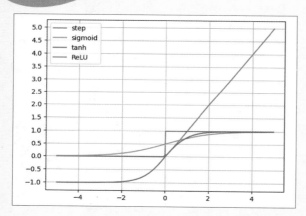

那以后只使用 ReLU 函数就行了吧？

它虽然方便，但并不适合所有情况。针对不同的数据，选择适合的函数更好。将负数都转换为 0 是 ReLU 函数的弱点。所以人们又改良了 ReLU 函数。

在不断改良呢。

第 3 章

用 TensorFlow Playground 查看学习状态

下面来制作人工神经元吧。

哇！但好像很难！

我们在编程前使用 TensorFlow Playground 查看代码的实际学习过程。

山羊博士，你懂我！

这样更有助于理解嘛。

嗯嗯。

来看看学习的状态吧！

好的！

一个人工神经元的学习

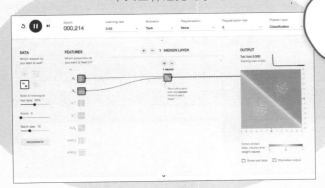

尝试使用
TensorFlow
Playground

复杂数据的学习

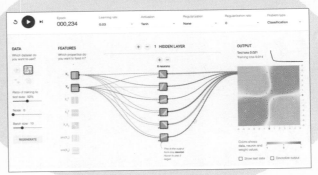

复杂数据……

调整参数

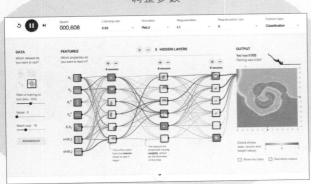

要调整参数啊!

第11课

玩转 TensorFlow Playground

使用 TensorFlow Playground 直观了解人工神经网络的学习过程。

双叶同学，你理解感知机的工作原理了吗？

感知机模仿了神经元，好神奇啊！

接下来我们要制作由大量人工神经元连接的人工神经网络。随着人工神经元增多，人工神经网络越复杂。其中，"学习过程"逐渐晦涩难懂。

第 27 页逐渐变长的条形图不是可以表示学习状态吗？

那你知道具体是怎么学习的吗？

不知道。

所以在编程之前，先带你体验一下 TensorFlow Playground。

TensorFlow Playground？

我们可以通过网上公开的教育资源亲眼看到人工神经网络的学习过程。

好有趣!

TensorFlow Playground 能够帮助我们亲眼见证人工神经网络的学习过程。这是 Google 的 Daniel Smilkov 和 Shan Carter 开发的教育资源,只要有浏览器就可以直接使用。

打开浏览器,访问以下网址。

https://playground.tensorflow.org/

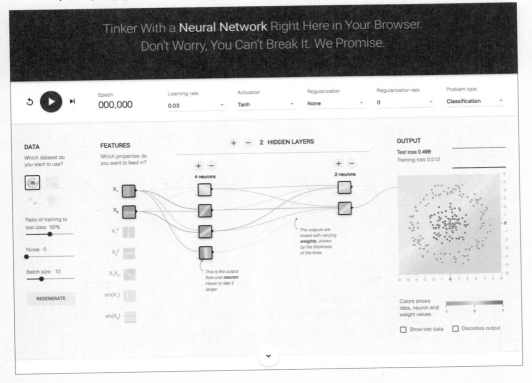

我们可以直接运行 TensorFlow Playground,也可以从左向右设置参数后再运行。使用步骤如下页所示。

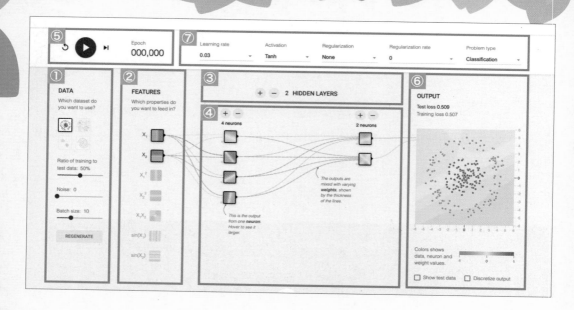

❶ DATA：选择数据

选择让计算机学习的数据。蓝色是正值，橙色是负值，进行"找到为蓝色和橙色分类的分界线"。

数据分为"Circle"（圆形，双重圆）、"Gaussian"（高斯，两个集合）、"Exclusive or"（异或，四个集合）、"Spiral（螺旋）"4 种。

例如，将 Gaussian 数据分成两类似乎很简单，但将 Spiral 数据分为两类就很难。

❷ FEATURES：选择输入数据的特征

接下来选择输入数据的特征。有"横向划分""纵向划分""集中在横线上""集中在竖线上""相同数据集中在四等分的对角线上""竖条纹""横条纹"7 种特征可以选。

❸ HIDDEN LAYERS：确定中间层的数量

确定"HIDDEN LAYERS（隐藏层、中间层）"的数量。用"+""−"按钮增减，最多可增加到 6 层。

❹ neurons[1]：确定每层人工神经元的数量

确定每层"neurons（神经元）"的数量。用"+""−"按钮增减，最多可增到 8 个。

❺ Run/Pause：开始和暂停学习

点击"Run/Pause"按钮（ ▶ ）开始学习。右边的"Epoch"表示学习次数，随着运行次数的增加而增加。如果想暂停学习，再次点击"Run/Pause"按钮。如果想重置学习并从头开始，点击"Reset the network"按钮（ ↻ ）。

❻ OUTPUT：输出结果

在"OUTPUT（输出）"部分显示学习过程。

❼ 参　数

进行各种调整，包括选择激活函数等。

第 12 ～ 16 课将主要讲解步骤 ❶ ～ ❼。

可以做各种尝试的"游乐场"！

1） neurons 译为神经元、神经细胞，在本书中特指人工神经元。

第 12 课

立即运行

已经打开 TensorFlow Playground 的页面了，下面就运行一下吧。

双叶同学，我们来直接运行吧。点击 ❺ "Run/Pause" 按钮。

———— "Run/Pause" 按钮

———— "Reset the network" 按钮

❻OUTPUT 部分发生了变化，逐渐分成蓝色和橙色两部分了。

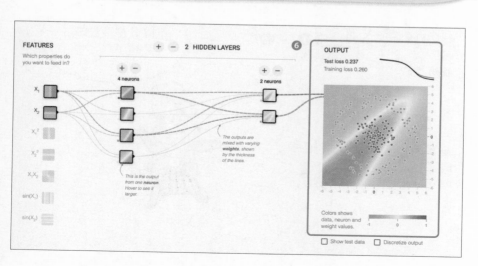

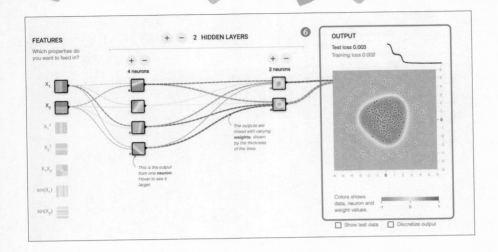

背景也根据点的颜色做了染色。为离散的数据找到了分界线，分类学习成功了。当认为学习得足够充分时，点击 ⑤ "Run∕Pause" 按钮停止学习。

眨眼间就学习完啦。

背景的蓝色和橙色的形状会发生变化，这就是人工神经网络的学习过程。

它好像在思考怎么分类和染色。

⑥ OUTPUT 文字的右下方有一条曲线，这是"学习进程图"。根据 loss（误差）逐渐减少，我们可以看出学习成功了。

从图上也能看出来呀。

如果我们想让计算机多次学习同样的内容，首先要点击 ⑤ "Reset the network" 按钮，再点击 ⑤ "Run∕Pause" 按钮，重复操作几次。

要学习很多次吗？

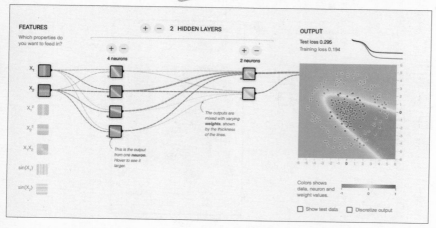

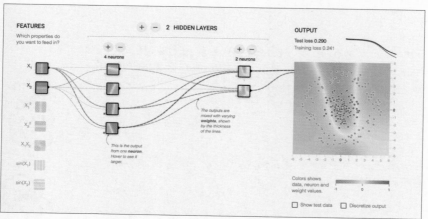

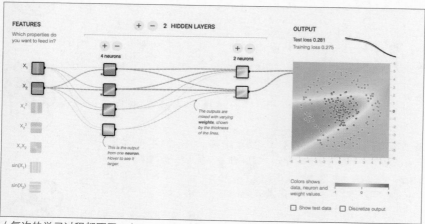

（每次的学习过程都不同。）

嗯？每次的过程都不一样。

对，重置后每次的学习过程都不同。

为什么呢？

因为每次学习时，学习的数据和顺序都会随机变化。虽然学习过程不同，但经过大量学习，最终会完成分类。

第12课

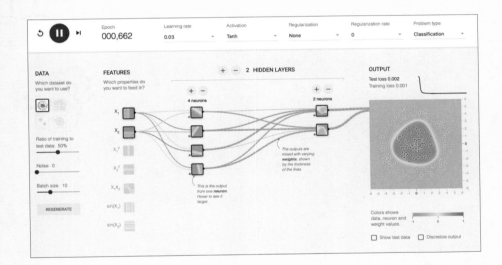

人工神经元真的正在学习呢。

第13课

一个人工神经元的学习

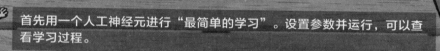

首先用一个人工神经元进行"最简单的学习"。设置参数并运行，可以查看学习过程。

我们现在用 TensorFlow Playground 进行"最简单的学习"吧。只用一个人工神经元学习。

只用一个人工神经元？

首先在 ❶DATA 中选择"Gaussian"。然后点击 ❸HIDDEN LAYERS 左侧的"−"按钮，设 HIDDEN LAYERS 为 1 层（标题变为 HIDDEN LAYER）。在 ❹neurons 中点击 3 次"−"按钮，设 neurons 为 1 个。

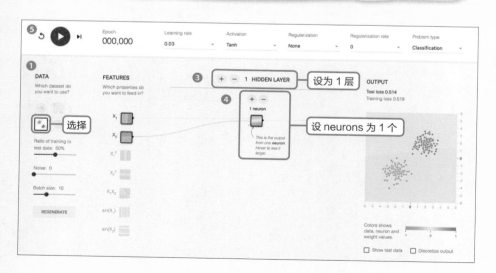

然后点击 ❺ "Run/Pause" 按钮。

马上就分为两部分了！

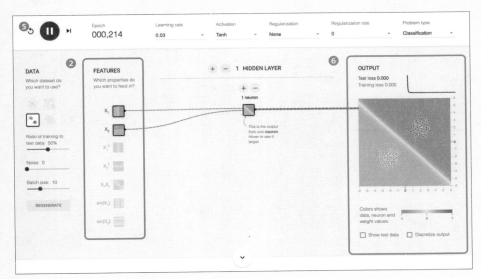

第13课

这种简单的分类只需一个人工神经元就能完成。

可是为什么一个人工神经元能分类呢？

你看看 ❷FEATURES 是什么样子的？

纵向划分的 X1 数据和横向划分的 X2 数据延伸出线，连接至人工神经元。

人工神经元将纵向和横向的数据充分混合，创建一个对角线，在 ❻OUTPUT 中就实现分类了。

原来如此！

线的粗细不同，对吧？线的粗细就是权重。

真的好像神经元。

我们也可以查看权重的具体数值。用鼠标点击连接线，会显示"Weight is"对话框。

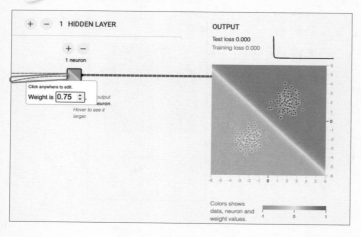

出现"0.75"了。

这个数值就是权重，会随着学习而变化。在出现对话框后点击任意位置，随之可以手动增减权重，调整线的粗细，分类情况也会发生变化。还可以将权重改为负数哦。

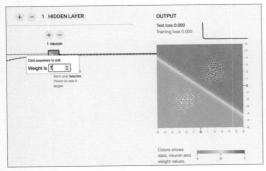

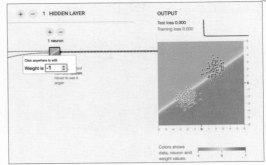

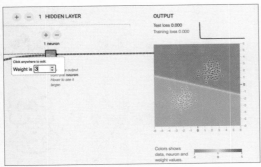

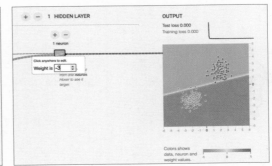

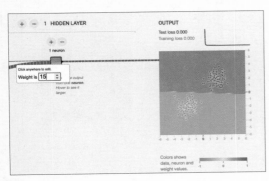

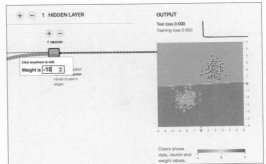

第13课

分界线的斜率发生变化了。

我们还可以查看阈值。点击 neurons 下方人工神经元的左下角，会出现"Bias is"对话框，is 后的就是阈值。

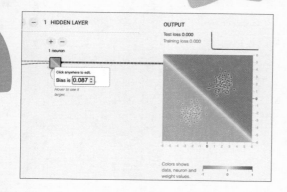

竟然还能查看阈值。

我们也可以手动增减阈值

调整阈值，分界线的位置就移动了。

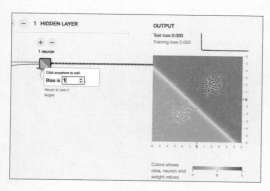

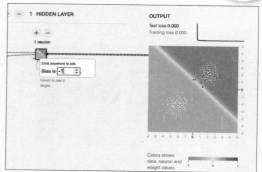

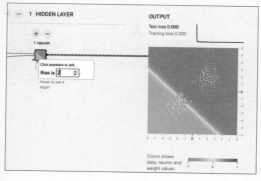

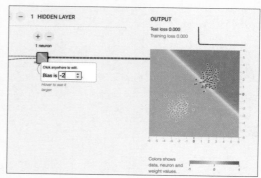

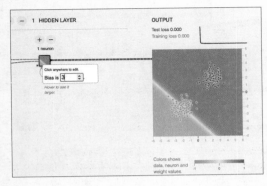
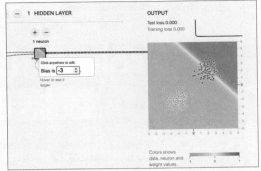

山羊博士，我们是不是可以通过手动修改权重和阈值创建合适的感知机？

没错，我们可以手动确定这两个值，而人工神经网络可以自动找到合适的权重和阈值，这就是自主学习。

哇！原来这就是自主学习。

但是不一定能马上找到合适的权重和阈值。可能要重复数百次，甚至数千次。

我可能做不到，但是计算机很擅长重复作业，应该没问题。

值不是随机找的，人工神经网络每次都要分析误差，朝着减少误差的方向找值。

所以颜色才能分得越来越开呀。

第 14 课

Circle 与 Exclusive or 数据的学习

下面进行略微复杂的学习。由于用上文中所讲的不足以完成复杂的学习任务，我们要调整参数。

那接下来处理略微复杂的数据吧。用一个人工神经元学习 Circle 数据。

要做不一样的事情了。

在 ❶DATA 中选择 "Circle"，再点击 ❺ "Run/Pause" 按钮。

嗯？这样完全不能分类呀。

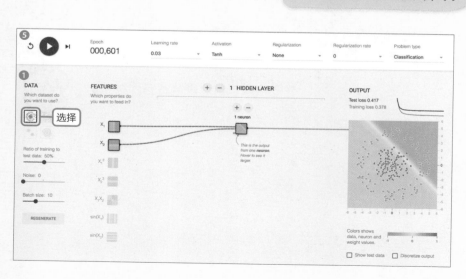

那就点击 ⑤ "Reset the network" 按钮，再点击 ⑤ "Run／Pause" 按钮。

 山羊博士，点多少次也不能分类呀。

 看来只用一个人工神经元是不够的。在 ④neurons 中点击一次 "+"，把 neurons 增加到 2 个，再点击 ⑤ "Run／Pause" 按钮。

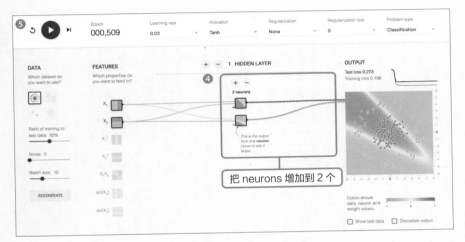

把 neurons 增加到 2 个

 嗯？还是不行。

 分界线出现尖头了，这是为什么呢？

 虽然看起来已经比用一个人工神经元的时候好些了。

观察中间层，出现了两条斜率不同的分界线。两条分界线组合形成了现在的尖头分界线。

 那再增加一些人工神经元就行了吧？

试试看吧。在 ❹neurons 中再点击一次"+",变成3,然后点击 ❺ "Run／Pause"按钮。

呀！成功分类了！是个三角形。

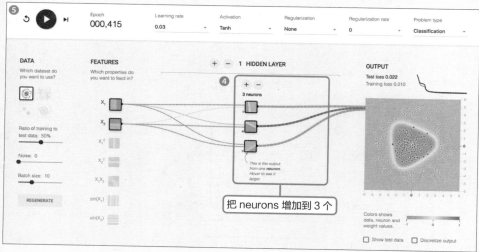

把 neurons 增加到 3 个

观察中间层,有 3 条分界线。它们组合成了类似三角形的分界线。

我懂了。从刚开始的1条分界线变成3条分界线,3条分界线组合起来就是三角形了。

对,一个人工神经元只能创建直线(线性)分界线,而增加人工神经元的数量,可以创建非直线(非线性)的分界线。

原来如此。

下面我们进一步处理更复杂的 Exclusive or 数据吧。在 ❶ DATA 中选择"Exclusive or",再点击 ❺ "Reset the network"按钮。

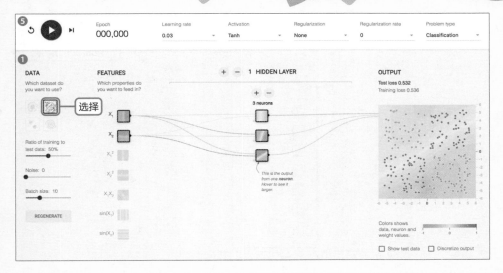

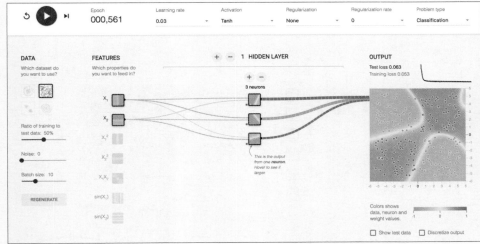

计算机已经很努力了，可是3个人工神经元还是不够用啊。

那我们继续增加人工神经元。在 ④ neurons 中点击"+"，将人工神经元增加到6个。点击 ⑤ "Run/Pause" 按钮。

这次分类就清晰了。

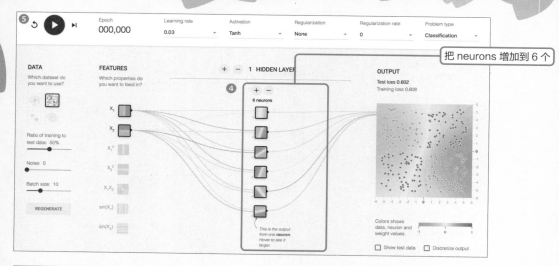

把 neurons 增加到 6 个

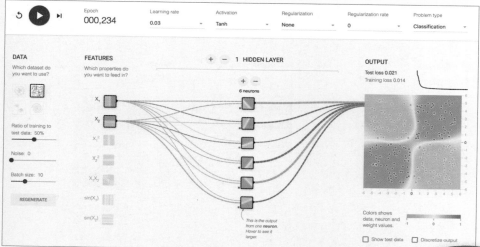

好清晰的分类!

第15课

Spiral 数据的学习

下面进行更加复杂的学习，要进一步调整参数才能学习。

我们来看看更加复杂的 Spiral 数据吧。这次可不像之前那么简单了。

对哦，把螺旋的数据分成两类可难了。

在 ❶ DATA 中选择 "Spiral"，再点击 ❺ "Run∕Pause" 按钮。

嗯……有6个人工神经元了，可还是没办法成功分类。计算机好像很烦恼啊。

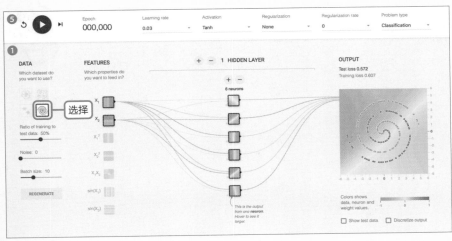

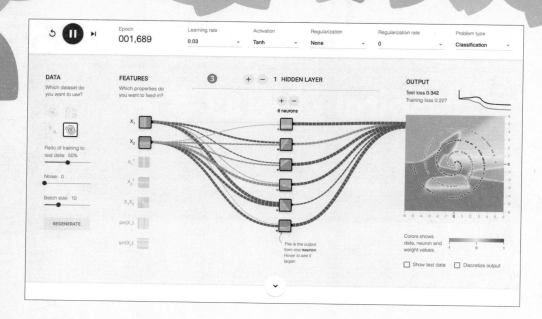

所以这次我们要增加"层数",比如将 HIDDEN LAYERS 增加到 3 层。在 ❸ HIDDEN LAYERS 中点击两次"＋"按钮,并分别将添加的层的 neurons 增加到 6 个。

越来越厉害了。

然后点击 ❺ "Run/Pause"按钮。

虽然时间有点长,分类看起来有些吃力。但等一会儿就完成分类了。蓝色和橙色呈螺旋状!

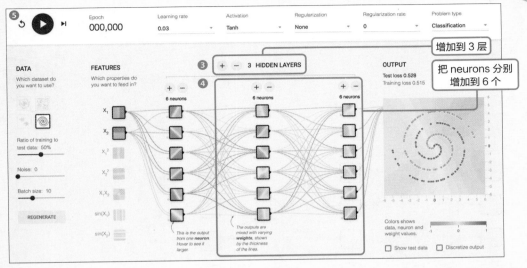

增加到 3 层

把 neurons 分别
增加到 6 个

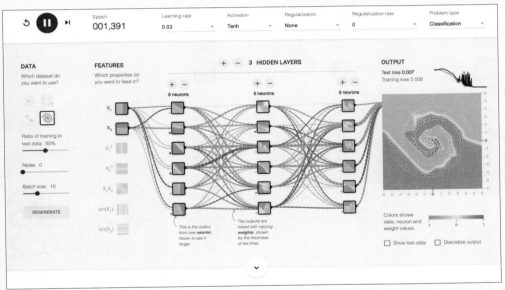

81

我们来看看中间层。第一层是用不同斜率的直线进行分类，第二层就略微复杂了，第三层更复杂。你看出来了吗？

确实，第三层还有螺旋状的。

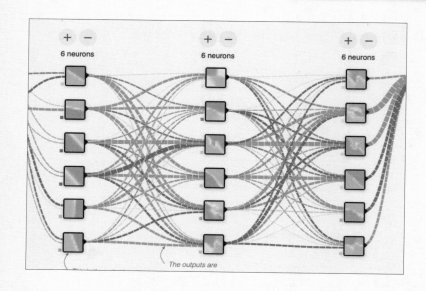

如果只增加人工神经元，在中间层只有一层的情况下无法创建螺旋状分界线，因为只能形成直线组合的分界线，而增加层数就可以产生更加复杂的分界线。

增加人工神经元的层数就能进行复杂分类了，好有趣啊。

第 16 课

调整参数

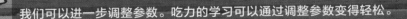
我们可以进一步调整参数。吃力的学习可以通过调整参数变得轻松。

刚才的学习时间较长，从 **6** OUTPUT 的图中可以感觉到学习很吃力，我们试着让计算机更顺畅地学习吧。

可以做到吗？

先点击 **7** 左侧的 "Activation（激活）"，将 "Tanh" 切换到擅长高速学习的 "ReLU"。为防止过度学习（过度学习会导致结果偏差），将 **7** 右侧的 "Regularization（正则化）" 从 "None" 切换到 "L1"，减小偏差。然后点击 **5** "Run/Pause" 按钮。

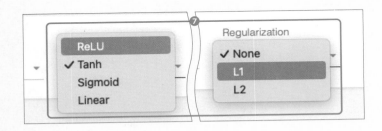

虽然这次学习的时间也长，但看起来简单了一些，并且分类效果比上次的好。

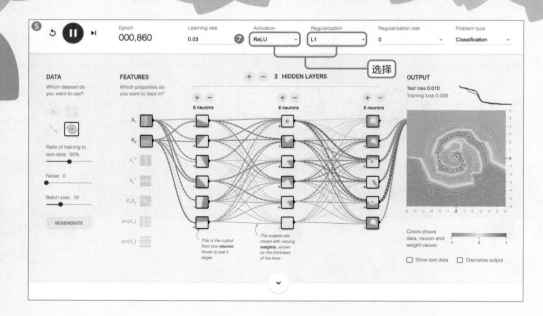

我们进一步增加输入数据。目前 **2**FEATURES 只打开了"横向划分"和"纵向划分",我们将它们全部打开,再点击 **5** "Run/Pause" 按钮。

比刚才更快,分界线也更清晰。重置后再学习一遍,仍然感觉分类更顺畅了。

第一层就进行复杂划分,更容易得到复杂的分界线。

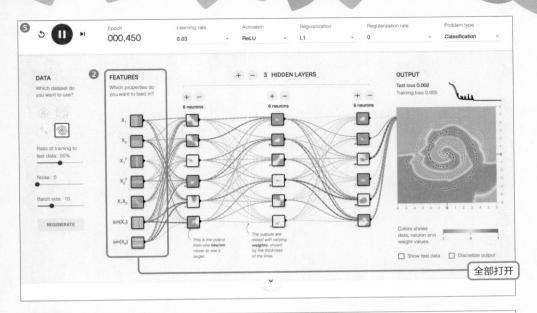

全部打开

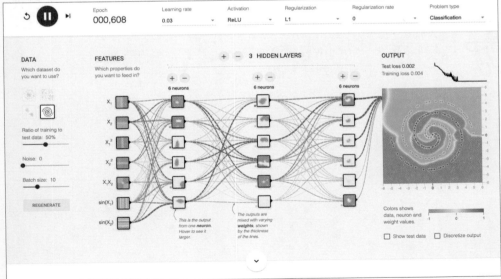

就像上面所介绍的，随着人工神经元和中间层的增加，以及各种各样的调整，人工神经网络的自主学习能够完成更加复杂的分类。

真开心，我能再增加几层吗？

当然可以。增加或减少，多试几次吧。不过在某些数据和条件下，有可能无法顺利进行学习，要多多尝试才行。

好深奥哇。

但这只是用于教育的工具，最多只能增加到 6 层，而想要完成实用性的学习则需要数十层。

这么多。

增加人工神经元和中间层也意味着增加计算量，需要用到高速计算机，或者为了高速计算，不使用偏重于通用型处理的 CPU，而使用擅长并列计算的 GPU（原本面向图像处理的处理器）。

好像在挑战计算机的极限啊。

TensorFlow Playground 只是"粗略观察人工神经网络学习状态"的工具，因此只提供了简单易懂的数据，而真实的数据要深奥得多。

引 言

让人工神经网络实际学习吧！

让人工神经网络学习 XOR 电路

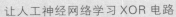

输入

X1	0	1	0	1
X2	0	0	1	1

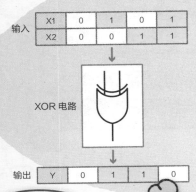

XOR 电路

输出

Y	0	1	1	0

输入

X1	0	1	0	1
X2	0	0	1	1

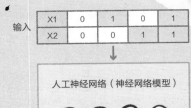

人工神经网络（神经网络模型）

输出

Y	0	1	1	0

让人工神经网络学习数字图像。

让人工神经网络学习猜拳评判

输入　自己的手（石头、剪刀、布）　对方的手（石头、剪刀、布）

神经网络模型

输出　分类（平局、胜利、失败）

让人工神经网络学习猜拳评判。

让人工神经网络学习数字图像

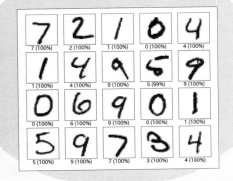

也要学习服装图像！

让人工神经网络学习服装图像

89

第 17 课

让人工神经网络
学习 XOR 电路

我们来对人工神经网络编程吧。使用 Keras 库可以轻松创建一段代码。

终于要对人工神经网络编程了！有名的人工神经网络的库是 Google 开发的 "TensorFlow"。

TensorFlow？刚才我们使用的是 TensorFlow Playground 吧？

对，刚才我们体验的是 TensorFlow 的 "教育专用资源"。TensorFlow 库有些复杂，不过有一种简单且适合初学者的 Keras 库，我们就用它来编程。

简单好用的最好。

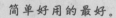

首先我们要用它进行 "人工神经网络的 XOR 电路学习"。

就是第 2 章 XOR 电路感知机的人工神经网络版了。

首先，在 Drive 中新建 Google Colab 笔记本文件，❶ 将文件名修改为 "DLtest4-01.ipynb"。

本书使用多种库，包括 Keras、NumPy、Matplotlib、Scikit-learn 等。

库 名	内 容
Keras	将 Google 开发的深度学习框架 TensorFlow 变为易于初学者使用的库
NumPy	擅长大规模数值计算的库
Matplotlib	制作图表的库
scikit-learn	轻松学习机器学习的库

其中，Keras、NumPy、Matplotlib 和 Scikit-learn 已经安装在 Google Colab 中，可以直接使用。

```
!pip install japanize-matplotlib
```

※Google Corab 有"90 分钟规则"，即无交互超过 90 分钟，页面的运行结果将会重置。这时如果想继续使用，要从第一行代码重新开始运行（请参考第 25 页）。

数据的准备和确认

首先导入要使用的库，即输入清单 4.1 中的代码并运行。

一次性导入所有要使用的库。

下文还会用到"清单 4.1"，需要时可以复制并使用。

【输入代码】清单 4.1

```python
# 导入库
import matplotlib
import numpy as np
import keras
from keras import layers
import matplotlib.pyplot as plt


# 配置中文字体
!wget -O simhei.ttf "https://www.wfonts.com/download/data/
2014/06/01/simhei/chinese.simhei.ttf"
matplotlib.font_manager.fontManager.addfont('simhei.ttf')
matplotlib.rc('font', family='SimHei')
```

输出结果

```
Looking in indexes: https://pypi.org/simple, https://us-
python.pkg.dev/colab-wheels/public/simple/
Collecting japanize-matplotlib
  Downloading japanize-matplotlib-1.1.3.tar.gz (4.1 MB)

        ──────── 4.1/4.1 MB 30.1 MB/s eta 0:00:00
（略）
Successfully built japanize-matplotlib
Installing collected packages: japanize-matplotlib
Successfully installed japanize-matplotlib-1.1.3
```

下面用 Python 制作 XOR 电路的结构。如下页图所示，XOR 电路有两个输入，如果两个输入不同则输出 1，相同则输出 0。我们要让人工神经网络可以进行相同的处理。

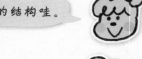

要制作输入相同则结果相同的结构哇。

要用"分类神经网络"制作哦。

要分类吗？

分类最终会"用编号表示是哪类",当所求结果为 0、1 等数值时,可以直接将编号用作数值。

原来如此。

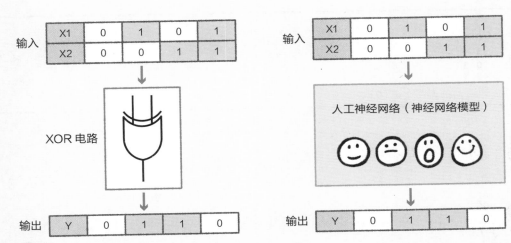

我们来制作 XOR 电路的训练数据和测试数据吧(见清单 4.2)。

【输入代码】清单 4.2

```
input_data = [[0, 0], [1, 0], [0, 1], [1, 1]]
xor_data = [0, 1, 1, 0]
x_train = x_test = np.array(input_data)
y_train = y_test = np.array(xor_data)


print(" 训练数据(问题): ")
print(x_train)
print(f" 训练数据(答案): {y_train}")
```

输入数据有"0,0""1,0""0,1""1,1",结果是"0,1,1,0"。把它们分别放入变量 **input_data** 和 **xor_data** 中。

为了使用 Keras 库，要先使用 **np.array()** 将列表转换为 NumPy 库专用的 **NumPy** 数组。因为输入数据较少，所以直接将数据放入训练数据变量（**x_train**，**y_train**）和测试数据变量（**x_test**，**y_test**）中。

输出结果

```
训练数据（问题）：
[[0 0]
 [1 0]
 [0 1]
 [1 1]]
训练数据（答案）：[0 1 1 0]
```

 ## 制作模型并学习

 下面要通过叠加 "含有大量人工神经元的层" 制作神经网络模型了。使用 Keras 库可以简单快速地完成制作。

那太好啦。

 首先用 "model=keras.models.Sequential()" 制作模型框架，然后用 "model.add()" 添加所需的层。

要添加层啊。

 比如制作 "由 3 个人工神经元组成的层（激活函数是 ReLU，输入为 2 层）" 的代码如下。

```
model = keras.models.Sequential()
model.add(layers.Dense(3, activation="relu", input_dim=2))
```

"layers.Dense（神经元数，激活函数）"叫作"全连接层"，即与下一层的所有人工神经元连接的层。在这个示例中，设人工神经元数为"3"，使用的激活函数为"relu（ReLU 函数）"。这是全连接层的第一层，我们用"input_dim=2"在这层之前制作有 2 个输入的输入层。做好的神经网络模型如下图所示。

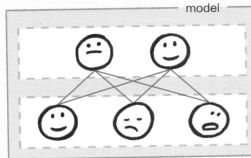

输入层 input_dim = 2

全连接层（神经元 ×3）
激活函数为 ReLU

全连接层要与下一层的所有人工神经元连接啊。

而且每条线的权重都不同。要通过学习慢慢调整。

好厉害。

线会越来越多。我们来实际制作模型吧。这次我们制作 2 个"含 8 个神经元"的中间层，1 个含"2 个输入"的输入层，1 个含"2 种输出结果"的输出层。

第17课

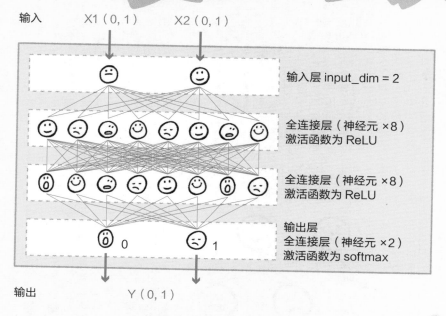

输入　X1（0，1）　X2（0，1）

输入层 input_dim = 2

全连接层（神经元 ×8）
激活函数为 ReLU

全连接层（神经元 ×8）
激活函数为 ReLU

0　　　　　1　　输出层
全连接层（神经元 ×2）
激活函数为 softmax

输出　　　Y（0，1）

好多线啊！

代码如清单 4.3 所示。输入层和第一个全连接层一起编写，所有层共使用 3 行 "model.add()" 完成编写。最后用 "model.summary()" 显示模型信息。

【输入代码】清单 4.3

```
model = keras.models.Sequential()
model.add(layers.Dense(8, activation="relu", input_dim=2))
model.add(layers.Dense(8, activation="relu"))
model.add(layers.Dense(2, activation="softmax"))
model.summary()
```

　　输出层的激活函数中使用了 **softmax**。这是为了将输出值转换为概率。通常分两类时使用 **sigmoid**，分多个类时使用 **softmax**，但在本书中为满足后续的使用需求，我们统一使用 **softmax**。

输出结果

```
Model: "sequential"

Layer (type)                    Output Shape              Param #
=================================================================
dense     (Dense)               (None, 8)                 24
dense_1   (Dense)               (None, 8)                 72
dense_2   (Dense)               (None, 2)                 18
=================================================================
Total params: 114    (456.00 Byte)
Trainable params: 114    (456.00 Byte)
Non-trainable params: 0    (0.00 Byte)
```

出现我们制作的层的信息了。由 3 个全连接层组成, 共 114 个参数。

114 个? 为什么这么多!

看看各层参数的数量吧。第一层有 24 个。

可是第一层的人工神经元只有 8 个啊。

"权重" 由线的数量决定, 第一层的连接线共有 16 根; "阈值" 由人工神经元的数量决定, 人工神经元有 8 个, 共 24 个参数。

原来如此。

同理, 第二层连接第一层的 8 个人工神经元的线共有 64 根, 即权重为 64; 人工神经元有 8 个, 即阈值为 8, 合计 72 个参数。第三层有 16 个权重和 2 个阈值, 共 18 个参数。合计就是 114 个了。

哎呀! 太复杂了。

做好模型就可以进行学习了。运行清单 4.4 中的代码吧。

这样它就能自主学习了呀。

清单 4.4 也会在下文用到哦。

【输入代码】清单 4.4

```
model.compile(optimizer="adam",
              loss="sparse_categorical_crossentropy",
              metrics=["accuracy"])

history = model.fit(x_train, y_train, epochs=500,
                    validation_data=(x_test, y_test))
test_loss, test_acc =model.evaluate(x_test, y_test)
print(f" 测试数据的正确率是 {test_acc:.2%}。")
```

使用人工神经网络学习时，要先决定训练方式。此次我们使用 **model.compile()**，指定 **adam** 为优化算法（**optimizer**）。然后用 **model.fit()** 进行训练。输入训练数据（**x_train,y_train**），训练次数（**epochs**）为 500，用测试数据（**x_test,y_test**）评价训练（专业用途中要准备不同于测试的评价数据）。训练状态要记录在变量 **history** 中，以备后续使用。

用 **model.evaluate()** 进行"模型的评价"，显示最终的正确率。

输出结果

```
Epoch 1/500
1/1 [==============================] - 1s 1s/step - loss:
  0.7130 - accuracy: 0.5000 - val_loss: 0.7108 - val_accuracy: 0.2500
（略）
Epoch 499/500
1/1 [==============================] - 0s 45ms/step - loss:
  0.0986 - accuracy: 1.0000 - val_loss: 0.0982 - val_accuracy: 1.0000
Epoch 500/500
1/1 [==============================] - 0s 46ms/step - loss:
  0.0982 - accuracy: 1.0000 - val_loss: 0.0979 - val_accuracy: 1.0000
1/1 [==============================] - 0s 24ms/step - loss:
  0.0979 - accuracy: 1.0000
测试数据的正确率是 100.00%。
```

（以上是示例结果。每次训练的数值都有略微变化。）

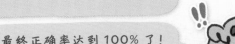
哇！出现好多显示学习进度的条形图。

我们设置训练次数（epochs）为 500，所以要训练 500 次。每次训练会很快结束。

最终正确率达到 100% 了！

有时候正确率达不到 100%，在这种情况下，我们可以重新运行清单 4.3 中的代码。下面用图表示训练状态吧。

用图表示？

训练状态已经记录在变量 history 中了，我们用图表示它，就可以观察训练状况了（见清单 4.5）。清单 4.5 在后面也会用到哦。

【输入代码】清单 4.5

```python
param = [[" 正确率 ", "accuracy", "val_accuracy"],
         [" 误差 ", "loss", "val_loss"]]
plt.figure(figsize=(10,4))
for i in range(2):
    plt.subplot(1, 2, i+1)
    plt.title(param[i][0])
    plt.plot(history.history[param[i][1]], "o-")
    plt.plot(history.history[param[i][2]], "o-")
    plt.xlabel(" 训练次数 ")
    plt.legend([" 训练 "," 测试 "], loc="best")
    if i==0:
        plt.ylim([0,1])
plt.show()
```

第
17
课

输出结果

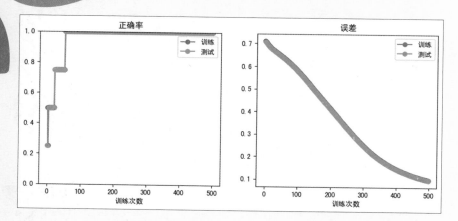

图中出现"正确率"和"误差"了。可以看出正确率逐渐提高，误差逐渐减小，计算机变得越来越聪明了。

 ## 提供数据并预测

与 TensorFlow Playground 相同，每次训练的训练状态和训练结果都有略微区别。既然已经完成训练了，我们提供一些测试数据（问题），使之预测答案吧（见清单 4.6）。

终于到预测这一步了。

【输入代码】清单 4.6

```
pre = model.predict(x_test)
print(pre)
```

使用 **pre=model.predict(x_test)** 向训练好的模型提供数据，使之预测。

输出结果

```
1/1 [==============================] - 0s 65ms/step
[[0.8333205  0.16667952]
 [0.06525915 0.9347408 ]
 [0.01843667 0.9815633 ]
 [0.9623079  0.03769218]]
```

（以上是示例结果。每次训练的数值都有略微变化。）

山羊博士，这就是预测结果吗？

这是 4 个答案。比如，第 1 行的 [0.8333205 0.16667952] 表示：为 0 的概率约 83%，为 1 的概率约 17%。也就是说，为 0 的概率更高。

原来是告诉我们概率啊。可是这样不够简单易懂呢。

所以我们使用 np.argmax(NumPy array) 找出数组中概率最高的值的索引（见清单 4.7）。为方便观察，我们用 f 字符串并列显示输入和输出。

【输入代码】清单 4.7

```python
for i in range(4):
    index = np.argmax(pre[i])
    print(f" 输入是 {x_test[i]}、输出是 {index}")
```

使用 **index=np.argmax(pre[i])** 可以将 "概率最高的数的索引" 赋值给变量 **index**。

输出结果

```
输入是 [0 0]、输出是 0
输入是 [1 0]、输出是 1
输入是 [0 1]、输出是 1
输入是 [1 1]、输出是 0
```

出现的"0，1，1，0"与 XOR 电路的结果相同。提供 XOR 电路的数据，反复训练 500 次，模型就能找到规律。

真是不可思议。

输入

X1	0	1	0	1
X2	0	0	1	1

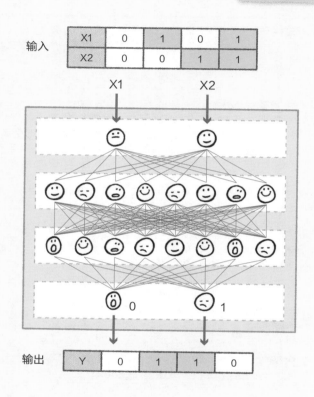

输出

Y	0	1	1	0

学习猜拳评判

对 XOR 电路的神经网络模型稍加修改，就可以进行"猜拳评判的学习"了，我们来试试看吧。

现在我们对 XOR 电路的神经网络模型稍加修改，进行"猜拳评判的学习"。

XOR 电路和猜拳？完全不相关啊。

XOR 电路是"两个输入和一个输出"，猜拳是"自己的手"和"对方的手"比赛，结果是平局、胜利、失败中的一个，也是"两个输入和一个输出"，两者输入和输出的数量相同。

从这个角度看，两者确实很像。

用数字把石头、剪刀、布替换为 0、1、2，把平局、胜利、失败替换为 0、1、2，处理方法就一样了。

原来如此。

自己的手	对方的手		结 果
石头 (0)	石头 (0)		平局 (0)
石头 (0)	剪刀 (1)		胜利 (1)
石头 (0)	布 (2)		失败 (2)
剪刀 (1)	石头 (0)		失败 (2)
剪刀 (1)	剪刀 (1)		平局 (0)
剪刀 (1)	布 (2)		胜利 (1)
布 (2)	石头 (0)		胜利 (1)
布 (2)	剪刀 (1)		失败 (2)
布 (2)	布 (2)		平局 (0)

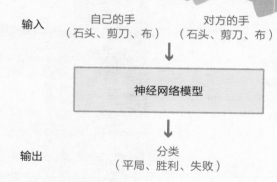

下面来制作"猜拳评判的神经网络模型"吧。

在 Drive 上新建 Google Colab 的笔记本文件，❶ 将文件名修改为 "DLtest4-02.ipynb"。

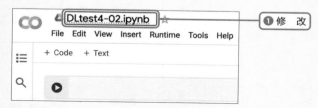

数据的准备和确认

首先导入库。复制清单 4.1 中的代码并使用吧（见清单 4.8）。

【输入代码】清单 4.8

```
import matplotlib
```

```
import numpy as np
import keras
from keras import layers
import matplotlib.pyplot as plt

# 中文字体
!wget -O simhei.ttf "https://www.wfonts.com/download/data/
2014/06/01/simhei/chinese.simhei.ttf"
matplotlib.font_manager.fontManager.addfont('simhei.ttf')
matplotlib.rc('font', family='SimHei')
```

然后准备数据。将 "0、1、2" 作为模型的训练数据（见清单 4.9 ）。

【输入代码】清单 4.9

```
hand_name = [" 石头 ", " 剪刀 ", " 布 "]
judge_name = [" 平局 ", " 胜利 ", " 失败 "]

hand_data = [[0, 0], [0, 1], [0, 2], [1, 0], [1, 1], [1, 2],
             [2, 0], [2, 1], [2, 2]]
judge_data = [0, 1, 2, 2, 0, 1, 1, 2, 0]

x_train = x_test = np.array(hand_data)
y_train = y_test = np.array(judge_data)

print(" 训练数据（问题）: ")
print(x_train)
print(f" 训练数据（答案）: {y_train}")
```

准备列表形式的字符串数据，以便理解石头、剪刀、布分别对应 0、1、2，平局、胜利、失败分别对应 0、1、2。

将出拳的所有组合作为变量 **hand_data**，组合结果作为变量 **judge_data**，并转换为 **NumPy** 数组显示。

第18课

输出结果

```
训练数据（问题）：
[[0 0]
 [0 1]
 [0 2]
 [1 0]
 [1 1]
 [1 2]
 [2 0]
 [2 1]
 [2 2]]
训练数据（答案）：[0 1 2 2 0 1 1 2 0]
```

 ## 制作模型并学习

 我们来参考 XOR 电路的模型制作猜拳评判的模型吧。

 好的，山羊博士。

有两个输入，所以第一层的"input_dim=2"不变。而输出有 0、1、2 三种，所以最后一层的参数要修改为"3"（见清单 4.10）。

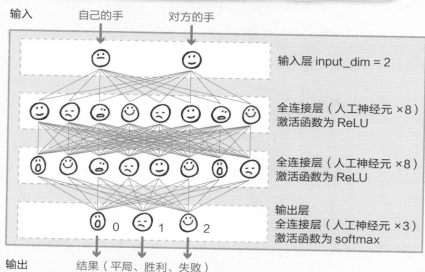

输入　　　自己的手　　　对方的手

输入层 input_dim = 2

全连接层（人工神经元 ×8）
激活函数为 ReLU

全连接层（人工神经元 ×8）
激活函数为 ReLU

输出层
全连接层（人工神经元 ×3）
激活函数为 softmax

　0　　　1　　　2

输出　　结果（平局、胜利、失败）

【输入代码】清单 4.10

```
model = keras.models.Sequential()
model.add(layers.Dense(8, activation="relu", input_dim=2))
model.add(layers.Dense(8, activation="relu"))
model.add(layers.Dense(3, activation="softmax"))
model.summary()
```

输出结果

```
Model: "sequential"

Layer (type)                Output Shape              Param #
=================================================================
dense (Dense)               (None, 8)                 24
dense_1 (Dense)             (None, 8)                 72
dense_2 (Dense)             (None, 3)                 27
=================================================================
Total params: 123 (492.00 Byte)
Trainable params: 123 (492.00 Byte)
Non-trainable params: 0 (0.00 Byte)
```

模型做好了，下面进行学习吧。复制清单 4.4 中的代码（见清单 4.11）。这次的数据略复杂，我们要增加训练次数，将"epochs=500"修改为"epochs=1000"。

【输入代码】清单 4.11

```
model.compile(optimizer="adam",
              loss="sparse_categorical_crossentropy",
              metrics=["accuracy"])

history = model.fit(x_train, y_train, epochs=1000,
                    validation_data=(x_test, y_test))

test_loss, test_acc =model.evaluate(x_test, y_test)
print(f"测试数据的正确率是 {test_acc:.2%}。")
```

输出结果

```
Epoch 1/1000
1/1 [==============================] - 1s 776ms/step - loss:
   1.1419 - accuracy: 0.4444 - val_loss: 1.1383 - val_accuracy:
   0.4444
（略）
Epoch 999/1000
1/1 [==============================] - 0s 49ms/step - loss:
   0.3140 - accuracy: 1.0000 - val_loss: 0.3134 - val_accuracy:
   1.0000
Epoch 1000/1000
1/1 [==============================] - 0s 31ms/step - loss:
   0.3134 - accuracy: 1.0000 - val_loss: 0.3126 - val_accuracy:
   1.0000
1/1 [==============================] - 0s 17ms/step - loss:
   0.3126 - accuracy: 1.0000
测试数据的正确率是 100.00%。
```

训练 1000 次要用不少时间了。

训练 1000 次后，如果正确率达不到 100%，就重新运行清单 4.10 中的代码。下面复制清单 4.5 中的代码，用图表示训练状态（见清单 4.12）。

【输入代码】清单 4.12

```python
param = [[" 正确率 ", "accuracy", "val_accuracy"],
         [" 误差 ", "loss", "val_loss"]]
plt.figure(figsize=(10,4))
for i in range(2):
    plt.subplot(1, 2, i+1)
    plt.title(param[i][0])
    plt.plot(history.history[param[i][1]], "o-")
    plt.plot(history.history[param[i][2]], "o-")
    plt.xlabel(" 训练次数 ")
    plt.legend([" 训练 "," 测试 "], loc="best")
    if i==0:
        plt.ylim([0,1])
plt.show()
```

输出结果

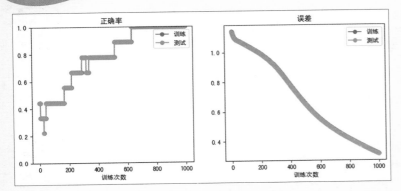

正确率逐渐提高,误差逐渐减小,神经网络模型变聪明啦。

提供数据并预测

我们提供测试数据(问题),使之预测答案,并使用 f 字符串显示"石头(0)""剪刀(1)""布(2)"的概率吧,概率以百分比的形式显示(见清单 4.13)。

【输入代码】清单 4.13

```
pre = model.predict(x_test)
for i in range(3):
    print(f"{pre[i][0]:.0%} {pre[i][1]:.0%} {pre[i][2]:.0%}")
```

输出结果

```
1/1 [==============================] - 0s 14ms/step
94% 0% 5%
0% 72% 28%
0% 33% 67%
```

我知道概率了，但还是不太明白怎么评判猜拳的结果。

那就用"*index*=np.argmax(pre[i])"求出概率最高的值对应的索引，并显示索引对应的字符串吧（见清单 4.14）。

【输入代码】清单 4.14

```
for i in range(len(x_test)):
    hand1 = hand_name[x_test[i][0]]
    hand2 = hand_name[x_test[i][1]]
    index = np.argmax(pre[i])
    judge = judge_name[index]
    print(f" 我出"{hand1}"，对手出"{hand2}"，所以 {judge}")
```

输出结果

> 我出"石头"，对手出"石头"，所以平局
> 我出"石头"，对手出"剪刀"，所以胜利
> 我出"石头"，对手出"布"，所以失败
> 我出"剪刀"，对手出"石头"，所以失败
> 我出"剪刀"，对手出"剪刀"，所以平局
> 我出"剪刀"，对手出"布"，所以胜利
> 我出"布"，对手出"石头"，所以胜利
> 我出"布"，对手出"剪刀"，所以失败
> 我出"布"，对手出"布"，所以平局

这样我就懂了。嗯！评判的全都正确！

第 19 课

学习数字图像
（MNIST）

参考 XOR 电路和猜拳评判的模型，还可以制作"学习数字图像"的模型。
我们一起来看看是怎么一回事吧。

现在来进行数字图像的学习吧。方法基本相同哦。

图像也可以用同样的方法吗？要实现的是不是和
《Python 一级：从零开始学编程》中的一样？就是提供
图像后，计算机会回答是什么数字。

是的，不过 Keras 库中含有叫作"MNIST"的手写数字
图像训练集。MNIST 中的数字图像比 sklearn 中的更大，
本课我们用 MNIST 来学习。

在 Drive 上新建 Google Colab 的笔记本文件，❶ 将文件名修改为
"DLtest4-03.ipynb"。

数据的准备和确认

首先导入库。复制清单 4.1 中的代码（见清单 4.15）。

【输入代码】清单 4.15

```
import matplotlib
import numpy as np
import keras
from keras import layers
import matplotlib.pyplot as plt


# 中文字体
!wget -O simhei.ttf "https://www.wfonts.com/download/data/
2014/06/01/simhei/chinese.simhei.ttf"
matplotlib.font_manager.fontManager.addfont('simhei.ttf')
matplotlib.rc('font', family='SimHei')
```

接下来准备数据。keras.datasets 中有数字图像数据 "mnist"，读取这份数据（见清单 4.16）。图像数据（x_train, y_test）的值为 0 ~ 255，为便于学习，用这些值除以 255，转换为 0.0 ~ 1.0。最后使用 "数据.shape"，显示数据形式。

【输入代码】清单 4.16

```
from keras.datasets import mnist
(x_train, y_train),(x_test, y_test) = mnist.load_data()
x_train, x_test = x_train / 255.0, x_test / 255.0


print(f" 训练数据（问题图像）：{x_train.shape}")
print(f" 测试数据（问题图像）：{x_test.shape}")
```

输出结果

```
Downloading data from https://storage.googleapis.com/
  tensorflow/tf-keras-datasets/mnist.npz
11490434/11490434 [==============================] - 0s 0us/step
训练数据（问题图像）：(60000, 28, 28)
测试数据（问题图像）：(10000, 28, 28)
```

从结果中可以看出，训练数据为"60000 张 28 像素 ×28 像素的图像"，测试数据为"10000 张 28 像素 ×28 像素的图像"。

6 万张和 1 万张！这么多！

是我们之前接触的数据量太少了。这是学习通常需要的数据量。我们来看看图像数据具体是什么样子的吧。首先看训练数据（问题和答案），见清单 4.17。

【输入代码】清单 4.17

```python
def disp_data(xdata, ydata):
    plt.figure(figsize=(12,10))
    for i in range(20):
        plt.subplot(4,5,i+1)
        plt.xticks([])
        plt.yticks([])
        plt.imshow(xdata[i], cmap="Greys")
        plt.xlabel(ydata[i])
    plt.show()

disp_data(x_train, y_train)
```

第 19 课

输出结果

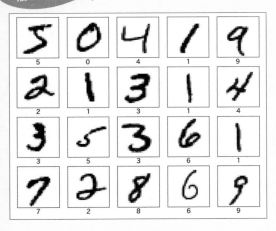

能看出训练数据。

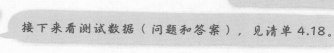

训练数据是这样的啊。

接下来看测试数据（问题和答案），见清单 4.18。

【输入代码】清单 4.18

```
disp_data(x_test, y_test)
```

输出结果

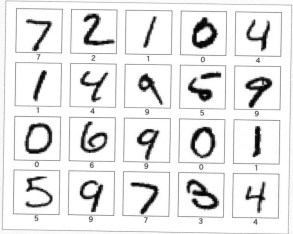

这就是测试数据啊！

有各种各样的手写数字呢。

制作模型并学习

下面制作模型吧。28×28 的二维矩阵不能直接用作输入，所以要使用 "layers.Flatten()" 将其转换为一维矩阵。共有 28×28=784 个一维矩阵。

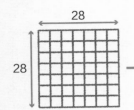

28

28

转换 →

784 个

变成扁平的了。

接下来制作含有 128 个人工神经元的中间层和含有 10 个人工神经元的输出层。输出层是 10 个人工神经元，是因为要预测"该图像属于 0 ~ 9 中的哪个数字"。我们来运行清单 4.19 中的代码吧。

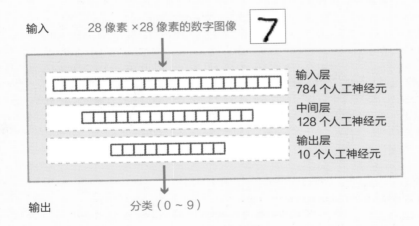

输入　　28 像素 ×28 像素的数字图像　

输入层
784 个人工神经元

中间层
128 个人工神经元

输出层
10 个人工神经元

输出　　分类（0 ~ 9）

【输入代码】清单 4.19

```
model = keras.models.Sequential()
model.add(layers.Flatten(input_shape=(28, 28)))
model.add(layers.Dense(128, activation="relu"))
model.add(layers.Dense(10, activation="softmax"))
model.summary()
```

第 19 课

```
Model: "sequential"

Layer (type)              Output Shape          Param #
=================================================================
flatten (Flatten)         (None, 784)           0
dense (Dense)             (None, 128)           100480
dense_1 (Dense)           (None, 10)            1290
=================================================================
Total params: 101770 (397.54 KB)
Trainable params: 101770 (397.54 KB)
Non-trainable params: 0 (0.00 Byte)
```

由于增加人工神经元，参数增加到了 10 万多个。

啊，这只能用计算机计算了。

下面进行学习。复制清单 4.4 中的代码（见清单 4.20）。这次数据量充足，人工神经元也多，因此将训练次数定为 10 次，即 "epochs=10"。

【输入代码】清单 4.20

```python
model.compile(optimizer="adam",
              loss="sparse_categorical_crossentropy",
              metrics=["accuracy"])

history = model.fit(x_train, y_train, epochs=10,
                    validation_data=(x_test, y_test))

test_loss, test_acc =model.evaluate(x_test, y_test)

print(f"测试数据的正确率是 {test_acc:.2%}。")
```

输出结果

```
Epoch 1/10
1875/1875 [==============================] - 12s 6ms/step - loss:
  0.2578 - accuracy: 0.9273 - val_loss: 0.1281 - val_accuracy:
  0.9614
（略）
Epoch 9/10
1875/1875 [==============================] - 8s 4ms/step - loss:
  0.0186 - accuracy: 0.9941 - val_loss: 0.0755 - val_accuracy:
  0.9784
Epoch 10/10
1875/1875 [==============================] - 8s 4ms/step - loss:
  0.0162 - accuracy: 0.9951 - val_loss: 0.0819 - val_accuracy:
  0.9778
313/313 [==============================] - 1s 2ms/step - loss:
  0.0819 - accuracy: 0.9778
测试数据的正确率是 97.78%
```

正确率是 97.78%。

效果不错。使用这种数据，正确率很难达到 100%，得到这个结果就可以了。再用图表示它的训练状态吧。复制清单 4.5（见清单 4.21）。

【输入代码】清单 4.21

```python
param = [[" 正确率 ", "accuracy", "val_accuracy"],
         [" 误差 ", "loss", "val_loss"]]

plt.figure(figsize=(10,4))

for i in range(2):
    plt.subplot(1, 2, i+1)
    plt.title(param[i][0])
    plt.plot(history.history[param[i][1]], "o-")
    plt.plot(history.history[param[i][2]], "o-")
    plt.xlabel(" 训练次数 ")
    plt.legend([" 训练 "," 测试 "], loc="best")
    if i==0:
        plt.ylim([0,1])
plt.show()
```

第 19 课

输出结果

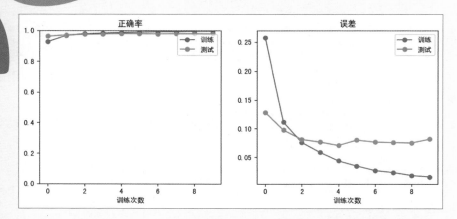

山羊博士，这张图应该怎么看呢？

左图表示"答案的正确率"，能看出刚开始时正确率很高。其中，蓝色的线表示使用训练数据时的正确率，橙色的线表示使用测试数据时的正确率。

这么快就学会了。

右图表示"误差的程度"。观察蓝色的线，在使用训练数据训练时，误差越来越小了。

错得越来越少了。

观察橙色的线，虽然误差减少了，但慢慢地不再继续减少。这表示尽管训练时可以回答对，但测试时还存在不会的情况。

但是正确率可以达到 97%，已经很厉害了。

提供数据并预测

下面提供测试数据（问题）并预测答案吧（见清单4.22）。比如，我们让它预测第一个测试数据（索引为0）是什么数字并显示测试数据的图像。

【输入代码】清单 4.22

```
pre = model.predict(x_test)

i = 0
plt.imshow(x_test[i], cmap="Greys")
plt.show()

index = np.argmax(pre[i])
pct = pre[i][index]
print(f"该图是"{index}"。({pct:.2%})")
print(f"正确答案是"{y_test[i]}"。")
```

预测结果（**pre**）中还包含"预测为该数字的概率"，并随答案一同显示。

输出结果

```
313/313 [==============================] - 1s 2ms/step
```

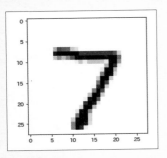

```
该图是"7"。(100.00%)
正确答案是"7"。
```

第
19
课

答对了，是"7"。我们在第 1 章就已经做了这个。

我们再试试别的吧。例如，将图像排列在一起，并在图像下方显示"该数字的预测结果"和"预测为该数字的概率"，如果预测错误，就显示正确答案，代码如清单 4.23 所示。

【输入代码】清单 4.23

```python
plt.figure(figsize=(12,10))
for i in range(20):
    plt.subplot(4,5,i+1)
    plt.xticks([])
    plt.yticks([])
    plt.imshow(x_test[i], cmap="Greys")

    index = np.argmax(pre[i])
    pct = pre[i][index]
    ans = ""
    if index != y_test[i]:
        ans = "x--o["+str(y_test[i])+"]"
    lbl = f"{index} ({pct:.0%}){ans}"
    plt.xlabel(lbl)
plt.show()
```

输出结果

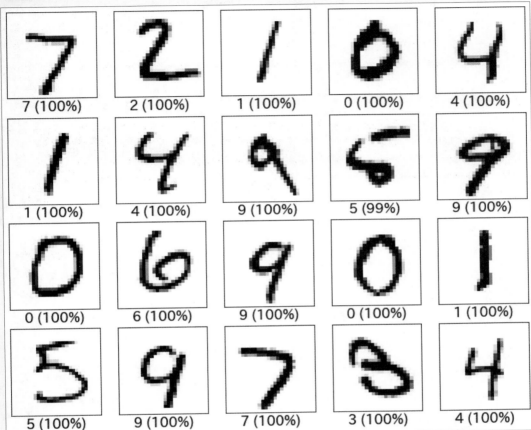

7 (100%)	2 (100%)	1 (100%)	0 (100%)	4 (100%)
1 (100%)	4 (100%)	9 (100%)	5 (99%)	9 (100%)
0 (100%)	6 (100%)	9 (100%)	0 (100%)	1 (100%)
5 (100%)	9 (100%)	7 (100%)	3 (100%)	4 (100%)

全都答对了。并且预测为正确答案的概率大多为100%呢。

上面的概率仅为人工神经网络认为的，而刚才的正确率为97.78%，所以还是有可能出错的。

第 20 课

学习数字图像
（ sklearn ）

我们在《Python 一级：从零开始学编程》中使用的数字图像更小，更模糊。
这样的图像也能进行深度学习吗？我们来试试看吧。

山羊博士，我们在《Python 一级：从零开始学编程》中
使用的数字图像比 MNIST 中的更小也更模糊，那种图像
也能学习吗？

也能学啊，我们再来试试"数字图像（ sklearn ）的学习"吧。

在 Drive 上新建 Google Colab 的笔记本文件，❶ 将文件名修改为
"DLtest4-04.ipynb"。

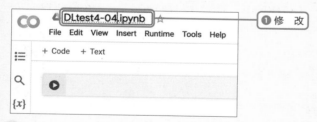

❶ 修　改

数据的准备和确认

首先导入库。复制清单 4.1 中的代码（见清单 4.24）。

【输入代码】清单 4.24

```
import matplotlib
import numpy as np
import keras
from keras import layers
import matplotlib.pyplot as plt

# 中文字体
!wget -O simhei.ttf "https://www.wfonts.com/download/data/
2014/06/01/simhei/chinese.simhei.ttf"
matplotlib.font_manager.fontManager.addfont('simhei.ttf')
matplotlib.rc('font', family='SimHei')
```

然后准备数据（见清单 4.25）。用 "load_digits()"
读取 sklearn.datasets 中的数据，用 "train_test_
split()" 将数据分为训练数据和测试数据。将图像数据
（x_train,c_test）也除以 255，转换为 0.0 ~ 1.0。最后
使用 "数据.shape"，显示数据形式。

【输入代码】清单 4.25

```
import sklearn.datasets
from sklearn.model_selection import train_test_split
digits = sklearn.datasets.load_digits()
X = digits.data
y = digits.target
x_train, x_test, y_train, y_test = train_test_split(X, y,
random_state=0)
x_train, x_test = x_train / 255.0, x_test / 255.0


print(f"训练数据（问题图像）  ：{x_train.shape}")
print(f"测试数据（问题图像）：{x_test.shape}")
```

输出结果

```
训练数据（问题图像）  ：(1347, 64)
测试数据（问题图像）：(450, 64)
```

123

从上述结果中可以看出，训练数据有 "1347 张 64 像素的图像"，测试数据有 "450 张 64 像素的图像"。因为是将 8 像素 ×8 像素的图像转换为一维矩阵数据，所以是 64 像素。

这个的数据量比 MNIST 的少多了。

我们根据训练数据（问题和答案）看看这是什么图像数据吧（见清单 4.26）。

【输入代码】清单 4.26

```python
def disp_data(xdata, ydata):
    plt.figure(figsize=(12,10))
    for i in range(20):
        plt.subplot(4,5,i+1)
        plt.xticks([])
        plt.yticks([])
        plt.imshow(xdata[i].reshape(8,8), cmap="Greys")
        plt.xlabel(ydata[i])
    plt.show()

disp_data(x_train, y_train)
```

输出结果

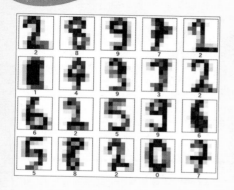

这是 64 个的一维矩阵数据，所以使用 **xdata[i],reshape(8,8)** 将其转换为 8 像素 ×8 像素的二维矩阵，以便后续显示图像。

124

再看一看测试数据（问题和答案），见清单 4.27。

【输入代码】清单 4.27

```
disp_data(x_test, y_test)
```

输出结果

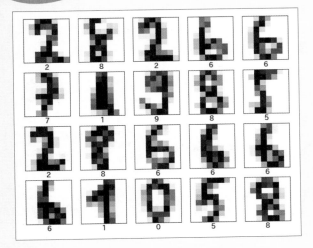

比 MNIST 的模糊太多了，根据这些图识别数字也太难了吧。

的确是这样，下面我们来试试，学习可能会不那么顺利哦。

制作模型并学习

下面制作模型吧（见清单 4.28）。图像数据已经变成 64 个的一维矩阵了，我们用"input_dim=64"制作含有 64 个输入的输入层，含有 128 个人工神经元的中间层，以及含有 10 个人工神经元的输出层。

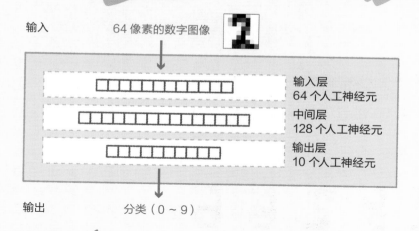

输入　　　　　64 像素的数字图像

输入层
64 个人工神经元

中间层
128 个人工神经元

输出层
10 个人工神经元

输出　　　　分类（0 ~ 9）

【输入代码】清单 4.28

```
model = keras.models.Sequential()
model.add(layers.Dense(128, activation="relu", input_dim=64))
model.add(layers.Dense(10, activation="softmax"))
model.summary()
```

输出结果

```
Model: "sequential"

Layer (type)                  Output Shape             Param #
===============================================================
dense (Dense)                 (None, 128)                8320
dense_1 (Dense)               (None, 10)                 1290
===============================================================
Total params: 9610 (37.54 KB)
Trainable params:  9610 (37.54 KB)
Non-trainable params: 0 (0.00 Byte)
```

要进行学习了，复制清单 4.20 中的代码（见清单 4.29）。

【输入代码】清单 4.29

```
model.compile(optimizer="adam",
              loss="sparse_categorical_crossentropy",
              metrics=["accuracy"])

history = model.fit(x_train, y_train, epochs=10,
                    validation_data=(x_test, y_test))

test_loss, test_acc =model.evaluate(x_test, y_test)

print(f"测试数据的正确率是{test_acc:.2%}。")
```

输出结果

```
Epoch 1/10
43/43 [==============================] - 1s 8ms/step - loss:
  2.2732 - accuracy: 0.3623 - val_loss: 2.2412 - val_accuracy:
  0.4889
（略）
Epoch 9/10
43/43 [==============================] - 0s 4ms/step - loss:
  1.1299 - accuracy: 0.8411 - val_loss: 1.0970 - val_accuracy:
  0.8400
Epoch 10/10
43/43 [==============================] - 0s 4ms/step - loss:
  1.0074 - accuracy: 0.8545 - val_loss: 0.9861 - val_accuracy:
  0.8689
15/15 [==============================] - 0s 2ms/step - loss:
  0.9861 - accuracy: 0.8689
测试数据的正确率是86.89%。
```

正确率是 86.89%，比刚才低了呢。

我们用图表示训练状态。复制清单 4.5 中的代码（见清单 4.30）。

【输入代码】清单 4.30

```
param = [[" 正确率 ", "accuracy", "val_accuracy"],
         [" 误差 ", "loss", "val_loss"]]

plt.figure(figsize=(10,4))

for i in range(2):
    plt.subplot(1, 2, i+1)
```

```
plt.title(param[i][0])
plt.plot(history.history[param[i][1]], "o-")
plt.plot(history.history[param[i][2]], "o-")
plt.xlabel("训练次数")
plt.legend(["训练","测试"], loc="best")
if i==0:
    plt.ylim([0,1])
plt.show()
```

输出结果

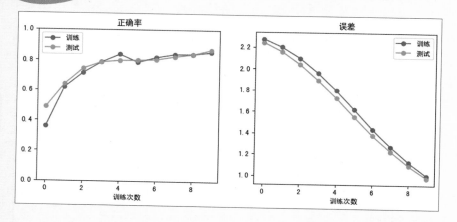

这和学习 MNIST 的方法一样，但正确率却没那么高。

因为可学习的图像数据量太少，所以没办法顺利找到特征。我们把人工神经元从 128 个增加到 1024 个，层数也增加 1 层。

山羊博士，增加层和人工神经元时，有什么规定吗？

没有明确规定。一般是根据数据或解决问题的复杂程度来决定。本书是根据是否简单易懂、是否易于输入，并经过多次试错来决定的。我们输入并运行清单 4.31 中的代码。

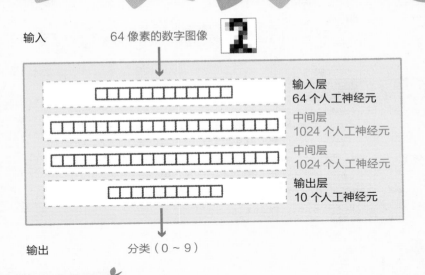

输入　　　64 像素的数字图像

输入层
64 个人工神经元

中间层
1024 个人工神经元

中间层
1024 个人工神经元

输出层
10 个人工神经元

输出　　　分类（0 ~ 9）

【输入代码】清单 4.31

```
model = keras.models.Sequential()
model.add(layers.Dense(1024, activation='relu', input_dim=64))
model.add(layers.Dense(1024, activation='relu'))
model.add(layers.Dense(10, activation="softmax"))
model.summary()
```

第
20
课

输出结果

```
Model: "sequential_1"

Layer (type)            Output Shape            Param #
=================================================================
dense_2 (Dense)         (None, 1024)            66560
dense_3 (Dense)         (None, 1024)            1049600
dense_4 (Dense)         (None, 10)              10250
=================================================================
Total params: 1126410 (4.30 MB)
Trainable params: 1126410 (4.30 MB)
Non-trainable params: 0 (0.00 Byte)
```

下面进行学习。复制清单 4.29 中的代码（见清单 4.32）。

【输入代码】清单 4.32

```
model.compile(optimizer="adam",
              loss="sparse_categorical_crossentropy",
              metrics=["accuracy"])
history = model.fit(x_train, y_train, epochs=10,
                    validation_data=(x_test, y_test))
test_loss, test_acc =model.evaluate(x_test, y_test)
print(f"测试数据的正确率是 {test_acc:.2%}。")
```

输出结果

```
Epoch 1/10
43/43 [==============================] - 2s 30ms/step - loss:
  1.7634 - accuracy: 0.6325 - val_loss: 0.9657 - val_accuracy:
  0.8089
（略）
Epoch 9/10
43/43 [==============================] - 2s 36ms/step - loss:
  0.1044 - accuracy: 0.9696 - val_loss: 0.1470 - val_accuracy:
  0.9533
Epoch 10/10
43/43 [==============================] - 1s 31ms/step - loss:
  0.0875 - accuracy: 0.9733 - val_loss: 0.1304 - val_accuracy:
  0.9578
15/15 [==============================] - 0s 6ms/step - loss:
  0.1304 - accuracy: 0.9578
测试数据的正确率是 95.78%。
```

用图表示训练状态（见清单 4.33）。

【输入代码】清单 4.33

```
param = [["正确率", "accuracy", "val_accuracy"],
         ["误差", "loss", "val_loss"]]
plt.figure(figsize=(10,4))
for i in range(2):
    plt.subplot(1, 2, i+1)
```

```
plt.title(param[i][0])
plt.plot(history.history[param[i][1]], "o-")
plt.plot(history.history[param[i][2]], "o-")
plt.xlabel(" 训练次数 ")
plt.legend([" 训练 "," 测试 "], loc="best")
if i==0:
    plt.ylim([0,1])
plt.show()
```

输出结果

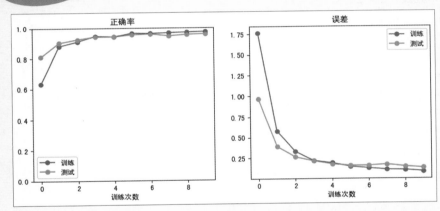

正确率提高了，误差也下降了。

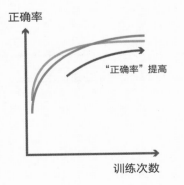

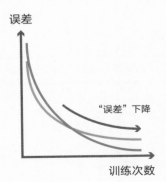

提供数据并预测

提供测试数据（问题）并预测答案吧（见清单 4.34）。
将图像排列在一起，并在图像下方显示"该数字的预测
结果"和"预测为该数字的概率"。

【输入代码】清单 4.34

```python
pre = model.predict(x_test)


plt.figure(figsize=(12,10))
for i in range(20):
    plt.subplot(4,5,i+1)
    plt.xticks([])
    plt.yticks([])
    plt.imshow(x_test[i].reshape(8,8), cmap="Greys")


    index = np.argmax(pre[i])
    pct = pre[i][index]
    ans = ""
    if index != y_test[i]:
        ans = "x--o["+str(y_test[i])+"]"
    lbl = f"{index} ({pct:.0%}){ans}"
    plt.xlabel(lbl)
plt.show()
```

输出结果

```
15/15 [==============================] - 0s 7ms/step
```

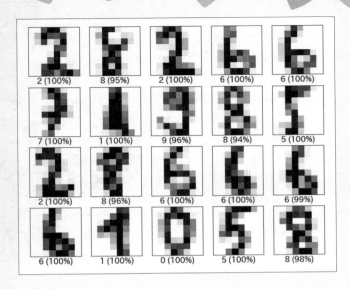

都预测出来了！这相当于《Python 一级：从零开始学编程》中人工智能"小智"的人工神经网络版。

我们在《Pyhton 一级：从零开始学编程》中制作了"小智"，在《Python 三级：机器学习》中讲解了学习的原理。

"小智"是使用"支持向量机（SVM）"为图像分类的。

对，它使用 SVM 学习了 0～9 的数字图像特征。机器学习还有很多别的方法，如使用得当，也可以用其他方法进行学习。

有那么多种类！

第20课

133

第21课

学习服饰图像（MNIST）

Keras 库中还有衣服和鞋等服饰图像的训练集。接下来进行"服饰图像的学习"吧。

MNIST 中还有衣服和鞋等服饰图像哦。

这比数字图像更有意思！

虽然读取的图像不同，但分类方法是一样的，这就是"服饰图像（MNIST）的学习"了。

在 Drive 上新建 Google Colab 的笔记本文件，❶ 将文件名修改为"DLtest4-05.ipynb"。

❶修 改

数据的准备和确认

首先导入库。复制清单 4.1 中的代码（见清单 4.35）。

【输入代码】清单 4.35

```
import matplotlib
import numpy as np
import keras
from keras import layers
import matplotlib.pyplot as plt


# 中文字体
!wget -O simhei.ttf "https://www.wfonts.com/download/data/
2014/06/01/simhei/chinese.simhei.ttf"
matplotlib.font_manager.fontManager.addfont('simhei.ttf')
matplotlib.rc('font', family='SimHei')
```

keras.datasets 中有服饰图像数据 "fashion_mnist"，读取这
份数据，为了便于训练，将数据除以 255，转换成 0.0 ~ 1.0（见
清单 4.36）。最后使用 "数据 .shape"，显示数据形式。

【输入代码】清单 4.36

```
from keras.datasets import fashion_mnist
(x_train, y_train),(x_test, y_test) = fashion_mnist.load_data()
x_train, x_test = x_train / 255.0, x_test / 255.0


print(f" 训练数据（问题图像）: {x_train.shape}")
print(f" 测试数据（问题图像）: {x_test.shape}")
```

输出结果

```
Downloading data from https://storage.googleapis.com/
   tensorflow/tf-keras-datasets/train-labels-idx1-ubyte.gz
29515/29515 [==============================] - 0s 0us/step
Downloading data from https://storage.googleapis.com/
   tensorflow/tf-keras-datasets/train-images-idx3-ubyte.gz
26421880/26421880 [==============================] - 0s 0us/step
Downloading data from https://storage.googleapis.com/
   tensorflow/tf-keras-datasets/t10k-labels-idx1-ubyte.gz
5148/5148 [==============================] - 0s 0us/step
Downloading data from https://storage.googleapis.com/
   tensorflow/tf-keras-datasets/t10k-images-idx3-ubyte.gz
4422102/4422102 [==============================] - 0s 0us/step
训练数据（问题图像）  : (60000, 28, 28)
测试数据（问题图像）: (10000, 28, 28)
```

第
21
课

训练数据为"60000 张 28 像素 ×28 像素的图像"，测试数据为"10000 张 28 像素 ×28 像素的图像"。

和 MNIST 的数字图像一样啊。

在学习数字图像时，"编号就是数字"，很容易理解，而学习服饰图像，编号要与服饰种类对应。

编号和服饰种类的对应表

编 号	名 称
0	T 恤 / 上衣
1	裤 子
2	套头衫
3	礼 裙
4	外 套
5	凉 鞋
6	衬 衫
7	运动鞋
8	包
9	短 靴

一眼就能看出对应关系了。

首先看看训练数据（问题和答案），看看都有哪些种类的服饰图像（见清单4.37）。

【输入代码】清单 4.37

```
class_names = ["T恤/上衣", "裤子", "套头衫", "礼裙", "外套",
               "凉鞋", "衬衫", "运动鞋", "包", "短靴"]
def disp_data(xdata, ydata):
    plt.figure(figsize=(12,10))
    for i in range(20):
        plt.subplot(4,5,i+1)
        plt.xticks([])
```

```
        plt.yticks([])
        plt.imshow(xdata[i], cmap="Greys")
        plt.xlabel(class_names[y_train[i]])
    plt.show()

disp_data(x_train, y_train)
```

输出结果

短靴　　T恤/上衣　　T恤/上衣　　礼裙　　T恤/上衣

套头衫　　运动鞋　　套头衫　　凉鞋　　凉鞋

T恤/上衣　　短靴　　凉鞋　　凉鞋　　运动鞋

短靴　　裤子　　T恤/上衣　　衬衫　　外套

（为便于查看，本书将图像下面的文字进行了放大。）

这么多种。"短靴"就是到脚踝的靴子呀。

接着看看测试数据（问题和答案），见清单4.38。

【输入代码】清单4.38

```
disp_data(x_test, y_test)
```

右侧页边：第21课

输出结果

短靴	套头衫	裤子	裤子	衬衫
裤子	外套	衬衫	凉鞋	运动鞋
外套	凉鞋	运动鞋	礼裙	外套
裤子	套头衫	外套	包	T恤/上衣

（为便于查看，本书将图像下面的文字进行了放大。）

比数字图像好玩多了。但是计算机能学会吗？

制作模型并学习

下面制作模型吧（见清单 4.39）。服饰图像数据与数字图像数据相同，也是 28 像素 × 28 像素的二维矩阵，用 "layers.Flatten()" 将其转换为一维矩阵再输入。

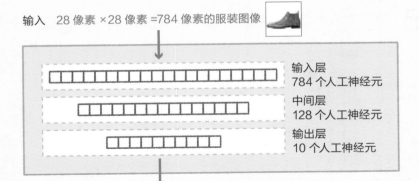

输入　28 像素 ×28 像素 =784 像素的服装图像

输入层
784 个人工神经元

中间层
128 个人工神经元

输出层
10 个人工神经元

输出　　　　分类（0 ~ 9）

【输入代码】清单 4.39

```
model = keras.models.Sequential()
model.add(layers.Flatten(input_shape=(28, 28)))
model.add(layers.Dense(128, activation="relu"))
model.add(layers.Dense(10, activation="softmax"))
model.summary()
```

输出结果

```
Model: "sequential"

Layer (type)              Output Shape              Param #
=================================================================
flatten (Flatten)         (None, 784)               0
dense (Dense)             (None, 128)               100480
dense_1 (Dense)           (None, 10)                1290
=================================================================
Total params: 101770 (397.54 KB)
Trainable params: 101770 (397.54 KB)
Non-trainable params: 0 (0.00 Byte)
```

第
21
课

下面进行学习。复制清单 4.20 中的代码（见清单 4.40）。

【输入代码】清单 4.40

```
model.compile(optimizer="adam",
              loss="sparse_categorical_crossentropy",
              metrics=["accuracy"])
history = model.fit(x_train, y_train, epochs=10,
              validation_data=(x_test, y_test))
test_loss, test_acc =model.evaluate(x_test, y_test)
print(f"测试数据的正确率是 {test_acc:.2%}。")
```

输出结果

```
Epoch 1/10
1875/1875 [==============================] - 14s 6ms/step - loss:
  0.4991 - accuracy: 0.8242 - val_loss: 0.4364 - val_accuracy:
  0.8441
（略）
Epoch 9/10
1875/1875 [==============================] - 7s 4ms/step - loss:
  0.2467 - accuracy: 0.9077 - val_loss: 0.3335 - val_accuracy:
  0.8810
Epoch 10/10
1875/1875 [==============================] - 5s 3ms/step - loss:
  0.2392 - accuracy: 0.9104 - val_loss: 0.3276 - val_accuracy:
  0.8854
313/313 [==============================] - 1s 2ms/step - loss:
  0.3276 - accuracy: 0.8854
测试数据的正确率是 88.54%。
```

正确率才 88.54%，果然比学习数字图像要难呢。

复制清单 4.5 中的代码（见清单 4.41），看看训练状态。

【输入代码】清单 4.41

```
param = [[" 正确率 ", "accuracy", "val_accuracy"],
         [" 误差 ", "loss", "val_loss"]]
plt.figure(figsize=(10,4))
for i in range(2):
    plt.subplot(1, 2, i+1)
    plt.title(param[i][0])
    plt.plot(history.history[param[i][1]], "o-")
    plt.plot(history.history[param[i][2]], "o-")
    plt.xlabel(" 训练次数 ")
    plt.legend([" 训练 "," 测试 "], loc="best")
    if i==0:
        plt.ylim([0,1])
plt.show()
```

输出结果

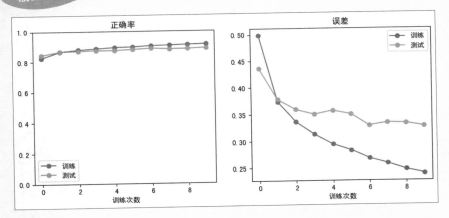

正确率上不来啊，使用训练数据时误差逐渐降低，但使用测试数据时误差不能逐渐降低。

看来是发生"过拟合"（overfitting）了。

过拟合?

就是"使用训练数据时完成状况很好,但是使用测试数据时效果不佳"。

为什么效果不佳呢?

神经网络模型并不是简单地训练越多,正确率越高。如果训练数据较少,或不该出现的噪声混入数据,都会造成过度拟合有偏差的训练数据,使得正确率下降,如图下所示。

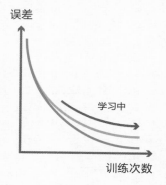

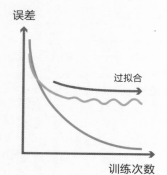

嗯!也就是说,过度学习也不好。不管做什么,适度十分重要呢。

提供数据并预测

不过正确率已经达到 88.72% 了，我们提供测试数据（问题）试试看吧（见清单 4.42）。

【输入代码】清单 4.42

```
pre = model.predict(x_test)

plt.figure(figsize=(12,10))
for i in range(20):
    plt.subplot(4,5,i+1)
    plt.xticks([])
    plt.yticks([])
    plt.imshow(x_test[i], cmap="Greys")

    index = np.argmax(pre[i])
    pct = pre[i][index]
    ans = ""
    if index != y_test[i]:
        ans = "x--o["+class_names[y_test[i]]+"]" #
    lbl = f"{class_names[index]} ({pct:.0%}){ans}" #
    plt.xlabel(lbl)
plt.show()
```

输出结果

```
313/313 [==============================] - 1s 3ms/step
```

第21课

短靴（99%）　套头衫（99%）　裤子（100%）　裤子（100%）　衬衫（70%）

裤子（100%）　外套（100%）　衬衫（99%）　凉鞋（100%）　运动鞋（100%）

外套（95%）　凉鞋（98%）　凉鞋（60%）x-o[运动鞋]　礼裙（100%）　外套（88%）

裤子（100%）　套头衫（99%）　套头衫（82%）x-o[外套]　包（100%）　T恤/上衣（95%）

（为便于查看，本书将图像下面的文字进行了放大。）

回答得不错啊！判断"套头衫"和"外套"时有判断错的情况，但我也会搞错！

下面我们来试试动物和交通工具等彩色图像数据的学习。

这么多！

而且彩色图像的数据量是黑白图像的 3 倍呢。

好复杂！

我们用眼睛看图，所以模型学习也要用到眼睛哦。

EYE

什么意思？

模型学习要使用基于人眼细胞工作原理的 CNN。

什么？

好！那就开始吧！

遵命！

学习彩色图像

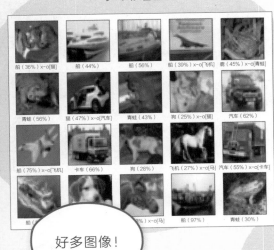

了解 CNN

下面挑战彩色图像吧！

好多图像！

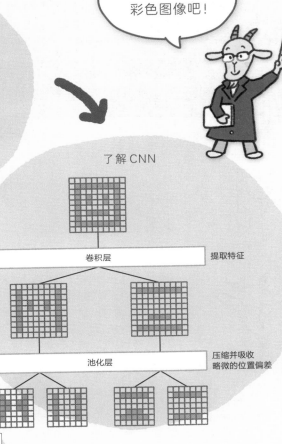

卷积层　提取特征

池化层　压缩并吸收略微的位置偏差

用 CNN 学习彩色图像

用 CNN 学习吧！

第22课

学习彩色图像（CIFAR-10）

下面来学习彩色图像，会得到什么结果呢？

Keras库中还有彩色图像数据集CIFAR-10，其中包括动物和交通工具等的彩色图像。我们就用这个数据集进行学习吧。

之前学的的确都是黑白图像啊。

对于黑白图像只要知道"亮度深浅"信息就够了，但对于彩色图像需要知道"RGB（红绿蓝）"信息，这使得数据量增加了3倍，变得更复杂了。

黑白

RGB（红绿蓝）

在 Drive 上新建 Google Colab 的笔记本文件，❶ 将文件名修改为"DLtest5-01.ipynb"。

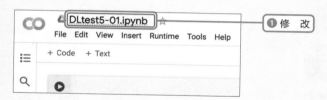

数据越多，计算量越大，计算时间也就越长。我们可以耐心等待，也可以使用Google Colab的"GPU"加速计算。

❶❷❸ 点击笔记本的"编辑"（Edit）→"笔记本设置"（Notebook settings）将"硬件加速器"（Hardware accelerator）从"CPU"改为"T4 GPU"，❹ 点击"Save"按钮，这个笔记本文件就可以使用GPU了。

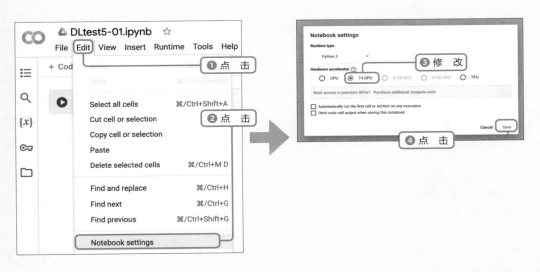

如果过度使用GPU，软件会提示"达到使用量限额，目前无法连接到GPU"，所以建议在关键步骤使用GPU。

 ## 数据的准备和确认

首先复制清单4.1中的代码（见清单5.1），导入库。

【输入代码】清单 5.1

```
import matplotlib
import numpy as np
import keras
from keras import layers
import matplotlib.pyplot as plt

# 中文字体
!wget -O simhei.ttf "https://www.wfonts.com/download/data/
2014/06/01/simhei/chinese.simhei.ttf"
matplotlib.font_manager.fontManager.addfont('simhei.ttf')
matplotlib.rc('font', family='SimHei')
```

keras.datasets 中有彩色图像"cifar10"，读取该图像并了解数据形式吧（见清单 5.2）。

【输入代码】清单 5.2

```
from keras.datasets import cifar10
(x_train, y_train),(x_test, y_test) = cifar10.load_data()
x_train, x_test = x_train / 255.0, x_test / 255.0

print(f" 训练数据（问题图像）：{x_train.shape}")
print(f" 测试数据（问题图像）：{x_test.shape}")
```

输出结果

```
Downloading data from https://www.cs.toronto.edu/~kriz/cifar-
  10-python.tar.gz
170498071/170498071 [==============================] - 3s 0us/step
训练数据（问题图像）：(50000, 32, 32, 3)
测试数据（问题图像）：(10000, 32, 32, 3)
```

训练数据是"50000 张 32 像素 ×32 像素 ×3（RGB）的图像"，测试数据是"10000 张 32 像素 ×32 像素 ×3（RGB）的图像"。该数据中的图像分类名称如下页表所示。

编号和图像分类名称的对应表

编号	名称	编号	名称	编号	名称
0	飞机	4	鹿	8	船
1	汽车	5	狗	9	卡车
2	鸟	6	青蛙		
3	猫	7	马		

用这些分类名称确认图像内容吧。先来确认训练数据（问题和回答），见清单5.3。

【输入代码】清单5.3

```
class_names = ["飞机", "汽车", "鸟", "猫", "鹿",
               "狗", "青蛙", "马", "船", "卡车"]

def disp_data(xdata, ydata):
    plt.figure(figsize=(12,10))
    for i in range(20):
        plt.subplot(4,5,i+1)
        plt.xticks([])
        plt.yticks([])
        plt.imshow(xdata[i])
        plt.xlabel(class_names[ydata[i][0]])
    plt.show()

disp_data(x_train, y_train)
```

第 22 课

151

输出结果

图像五颜六色，
有"青蛙"
"卡车"……

（为便于查看，本书将图像下面的文字进行了放大。）

再来确认测试数据（问题和答案），见清单 5.4。

【输入代码】清单 5.4

```
disp_data(x_test, y_test)
```

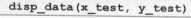

输出结果

（为便于查看，本书将图像下面的文字进行了放大。）

这么多图，真有趣，但是学起来好难。

制作模型并学习

下面制作模型吧（见清单5.5）。数据是32×32×3的三维矩阵数据，要用"layers.Flatten()"将其转换为3072个一维矩阵再输入。制作含有128个人工神经元的中间层，以及含有10个人工神经元的输出层。

32像素×32像素×3=3072像素的彩色图像

输入

输入层
3072个人工神经元

中间层
128个人工神经元

输出层
10个人工神经元

输出　　　分类（0~9）

第22课

【输入代码】清单5.5

```
model = keras.models.Sequential()
model.add(layers.Flatten(input_shape=(32, 32, 3)))
model.add(layers.Dense(128, activation="relu"))
model.add(layers.Dense(10, activation="softmax"))
model.summary()
```

输出结果

```
Model: "sequential"

 Layer (type)                    Output Shape                 Param #
=====================================================================
 flatten (Flatten)               (None, 3072)                 0
 dense (Dense)                    (None, 128)                  393344
 dense_1 (Dense)                  (None, 10)                   1290
=====================================================================
Total params: 394634 (1.51 MB)
Trainable params: 394634 (1.51 MB)
Non-trainable params: 0 (0.00 Byte)
```

模型做好了，下面进行学习吧。复制清单 4.4 中的代码，
设置训练次数为 20（见清单 5.6）。

【输入代码】清单 5.6

```
model.compile(optimizer="adam",
              loss="sparse_categorical_crossentropy",
              metrics=["accuracy"])
history = model.fit(x_train, y_train, epochs=20,
                    validation_data=(x_test, y_test))
test_loss, test_acc =model.evaluate(x_test, y_test)
print(f" 测试数据的正确率是 {test_acc:.2%}。")
```

输出结果

```
Epoch 1/20
1563/1563 [==============================] - 10s 4ms/step - loss:
  1.9057 - accuracy: 0.3167 - val_loss: 1.8091 - val_accuracy:
  0.3521
（略）
Epoch 19/20
1563/1563 [==============================] - 5s 3ms/step - loss:
  1.5227 - accuracy: 0.4572 - val_loss: 1.5937 - val_accuracy:
  0.4368
Epoch 20/20
1563/1563 [==============================] - 5s 3ms/step - loss:
  1.5217 - accuracy: 0.4581 - val_loss: 1.5668 - val_accuracy:
  0.4403
313/313 [==============================] - 1s 2ms/step - loss:
  1.5668 - accuracy: 0.4403
测试数据的正确率是 44.03%。
```

哎呀，正确率才 44.03%，一点儿都不高哇。

复制清单 4.5 中的代码（见清单 5.7），看看训练状态。

【输入代码】清单 5.7

```
param = [["正确率", "accuracy", "val_accuracy"],
         ["误差", "loss", "val_loss"]]

plt.figure(figsize=(10,4))

for i in range(2):
    plt.subplot(1, 2, i+1)
    plt.title(param[i][0])
    plt.plot(history.history[param[i][1]], "o-")
    plt.plot(history.history[param[i][2]], "o-")
    plt.xlabel("训练次数")
    plt.legend(["训练","测试"], loc="best")
    if i==0:
        plt.ylim([0,1])
plt.show()
```

第22课

输出结果

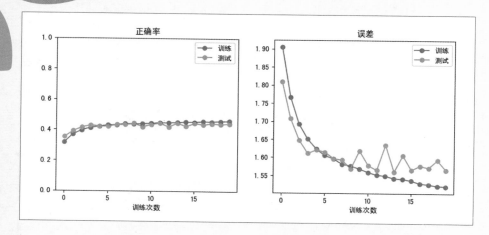

正确率好低啊。

使用训练数据时的正确率低，表示训练效果不好。

 ## 提供数据并预测

虽然效果不好，但我们仍提供测试数据使之预测（见清单 5.8 ）。

【输入代码】清单 5.8

```
pre = model.predict(x_test)

plt.figure(figsize=(12,10))
for i in range(20):
    plt.subplot(4,5,i+1)
    plt.xticks([])
```

```
    plt.yticks([])
    plt.imshow(x_test[i])

    index = np.argmax(pre[i])
    pct = pre[i][index]
    ans = ""
    if index != y_test[i]:
        ans = "x--o["+class_names[y_test[i][0]]+"]"
    lbl = f"{class_names[index]} ({pct:.0%}){ans}"
    plt.xlabel(lbl)
plt.show()
```

输出结果

船（36%）x-o[猫]　　船（44%）　　船（56%）　　船（39%）x-o[飞机]　鹿（45%）x-o[青蛙]

青蛙（56%）　　猫（47%）x-o[汽车]　青蛙（43%）　　狗（25%）x-o[猫]　　汽车（62%）

船（75%）x-o[飞机]　卡车（66%）　　狗（28%）　　飞机（27%）x-o[马]　汽车（55%）x-o[卡车]

船（57%）　　狗（38%）　　鸟（23%）x-o[马]　　船（97%）　　青蛙（30%）

（为便于查看，本书将图像下面的文字进行了放大。）

157

哎呀！它把"马"识别成"鸟"，把"汽车"识别成"猫"，是不是没仔细看图啊？

就是这样的，它把二维矩阵的图像数据转换为一维矩阵再学习，并没看到图像特征。比如字母"A"的图像转换为一维矩阵是这样的。

转换 →

根本看不出这样的数据是什么图像啊。

CNN 的实验

使用基于人眼细胞发明的 CNN（卷积神经网络）有助于成功学习图像特征。

 ## CNN 的原理类似于人眼细胞的工作原理

图像是二维的，所以人们想到让计算机识别二维的图像数据，然后提取特征。CNN 是一种图像识别方法。它历史悠久，在 1979 年，福岛邦彦基于人眼细胞的工作原理开发了"神经认知机"，CNN 是它的改良版。

还有这种方法呀。

人眼细胞包括"简单细胞"和"复杂细胞"。简单细胞能从图像的深浅中提取图像特征，复杂细胞能吸收略微的图像位置偏差。

眼睛中的细胞各有分工啊。

人们发明出了与简单细胞和复杂细胞具有相同作用的层。提取图像特征的层叫作"卷积层"，压缩并吸收略微的图像位置偏差的层叫作"池化层"。

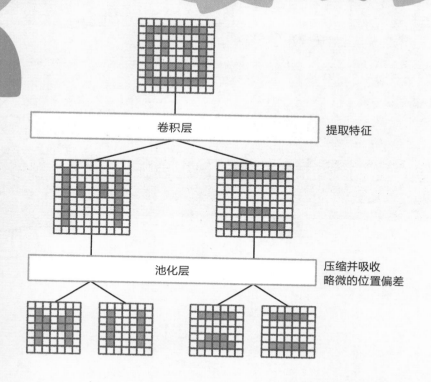

卷积层   提取特征

池化层   压缩并吸收
略微的位置偏差

卷积层和池化层都要做什么呢?

卷积层通过在图像上滑动覆盖滤波器（卷积核），强调
指定图案并提取图像特征。

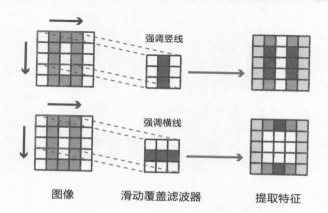

强调竖线

强调横线

图像   滑动覆盖滤波器   提取特征

池化层将图像划分为更小的区域，并从每个区域中取最大值再制作小图，即使原图位置略有偏差也能吸收。

好神奇。

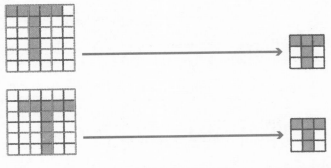

为图像划分区域　　　　　取最大值制作小图　　　　即使位置略有偏差也能吸收

CNN 通过卷积层和池化层提取输入图像数据的特征。卷积层会随机生成大量的滤波器，以提取不同的特征。

要生成大量的滤波器呀！

第 23 课

使用一个滤波器无法抓住一张图的特征，并且对不同图像使用的滤波器不一样。因此要先生成大量滤波器，再用全连接层"学习使用哪个滤波器能进行有效分类"。

原来如此。

161

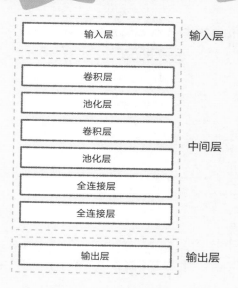

先在 Drive 上新建 Google Colab 的笔记本文件，❶ 将文件名修改为 "DLtest5-02.ipynb"。

图像处理的小实验

从代码角度看,卷积层和池化层所做的处理就是图像处理。

原来是图像处理。

卷积层进行的是"滤波器运算",池化层进行的是"下采样"。我们编写代码并进行小实验吧。首先准备用于测试的图像,然后运行清单 5.9 中的代码。

【输入代码】清单 5.9

```python
import numpy as np
import matplotlib.pyplot as plt


n0 = np.array([
    [0,0,0,0,0,0,0,0,0,0,0,0],
    [0,0,4,9,9,9,9,9,9,4,0,0],
    [0,0,9,9,9,9,9,9,9,9,0,0],
    [0,0,9,9,4,0,0,4,9,9,0,0],
    [0,0,9,9,0,0,0,0,9,9,0,0],
    [0,0,9,9,0,0,0,0,9,9,0,0],
    [0,0,9,9,0,0,0,0,9,9,0,0],
    [0,0,9,9,0,0,0,0,9,9,0,0],
    [0,0,9,9,4,0,0,4,9,9,0,0],
    [0,0,9,9,9,9,9,9,9,9,0,0],
    [0,0,4,9,9,9,9,9,9,4,0,0],
    [0,0,0,0,0,0,0,0,0,0,0,0]])

n1 = np.array([
    [0,0,0,0,0,0,0,0,0,0,0,0],
    [0,0,0,0,0,0,0,0,0,0,0,0],
    [0,0,0,0,4,9,7,0,0,0,0,0],
    [0,0,0,0,0,9,7,0,0,0,0,0],
    [0,0,0,0,0,9,7,0,0,0,0,0],
    [0,0,0,0,0,9,7,0,0,0,0,0],
    [0,0,0,0,0,9,7,0,0,0,0,0],
    [0,0,0,0,0,9,7,0,0,0,0,0],
    [0,0,0,0,0,9,7,0,0,0,0,0],
    [0,0,0,0,0,9,7,0,0,0,0,0],
    [0,0,0,0,4,9,7,4,0,0,0,0],
    [0,0,0,0,0,0,0,0,0,0,0,0]])

n2 = np.array([
    [0,0,0,0,0,0,0,0,0,0,0,0],
    [0,0,4,9,9,9,9,9,9,4,0,0],
    [0,0,9,9,9,9,9,9,9,9,0,0],
    [0,0,0,0,0,0,0,4,9,9,0,0],
    [0,0,0,0,0,0,0,0,9,9,0,0],
    [0,0,0,0,4,9,9,9,9,9,0,0],
    [0,0,0,0,4,9,9,9,9,9,0,0],
    [0,0,0,0,0,0,0,0,9,9,0,0],
    [0,0,0,0,0,0,0,4,9,9,0,0],
    [0,0,9,9,9,9,9,9,9,9,0,0],
    [0,0,4,9,9,9,9,9,9,4,0,0],
    [0,0,0,0,0,0,0,0,0,0,0,0]])

ndata = [n0, n1, n2]


for i in range(3):
```

```
    plt.subplot(1, 3, i+1)
    plt.imshow(ndata[i], cmap="Greys")
    plt.xticks([])
    plt.yticks([])
plt.show()
```

以上是用 0 ~ 9 制作的二维图像数据，用于后续测试。为方便观察，我们将其显示出来。

输出结果

原来是 3 个数字图像数据呀。

卷积层对图像进行滤波器运算，即在整个图像上滑动覆盖滤波器，从而提取特征。为便于理解，本次我们制作"竖线强调"和"横线强调"的滤波器（见清单 5.10）。

【输入代码】清单 5.10

```python
fV = np.array([
    [-2.0, 1.0, 1.0],
    [-2.0, 1.0, 1.0],
    [-2.0, 1.0, 1.0]])
fH = np.array([
    [1.0, 1.0, 1.0],
    [1.0, 1.0, 1.0],
    [-2.0, -2.0, -2.0]])


for i in range(2):
    plt.subplot(1,2,i+1)
    if i == 0:
        plt.imshow(fV, cmap="Blues")
        plt.xlabel("V")
    if i == 1:
        plt.imshow(fH, cmap="Blues")
        plt.xlabel("H")
    plt.xticks([])
    plt.yticks([])
plt.show()
```

滤波器的尺寸多使用奇数,如"3×3""5×5""7×7"等。

输出结果

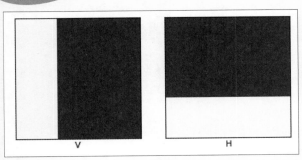

这个图案就是滤波器？

实际上CNN滤波器的图案会更加多样。随着学习的推进，滤波器会更容易提取特征，也就是找到图像特征。

会进化为更好的滤波器。

滤波器运算函数和下采样函数的主要代码如清单5.11所示。

【输入代码】清单5.11

```python
vdata = []
hdata = []
vpool = []
hpool = []
def convo_img(numimg, filter):
    nx, ny = len(numimg), len(numimg[0])
    img = np.zeros((nx, ny))
    for i in range(nx - 3 + 1):
        for j in range(ny - 3 + 1):
            img[i][j] = np.sum(numimg[i:i+3, j:j+3] * filter)
    return img
def pool_img(numimg, num):
    img = []
    numimg = np.array(numimg)
    nx, ny = len(numimg), len(numimg[0])
    for i in range(0, nx, num):
        row = []
        for j in range(0, ny, num):
            row.append(np.max(numimg[i:i+num, j:j+num]))
        img.append(row)
    return img
```

用"竖线强调"和"横线强调"两种滤波器分别处理3个测试图像（见清单 5.12），会出现 12 种结果。运行看看吧。

【输入代码】清单 5.12

```
def cnn_test(data, num, size):
    vdata = []
    hdata = []
    vpool = []
    hpool = []
    for idx in range(num):
        vdata.append(convo_img(data[idx], fV))
        hdata.append(convo_img(data[idx], fH))
        vpool.append(pool_img(vdata[idx], size))
        hpool.append(pool_img(hdata[idx], size))

    plt.figure(figsize=(12,8))
    for idx in range(num):
        for i in range(5):
            plt.subplot(num, 5, idx*5+i+1)
            if i == 0:
                plt.imshow(data[idx], cmap="Greys")
            if i == 1:
                plt.imshow(vdata[idx], cmap="Blues")
                plt.xlabel("V")
            if i == 2:
                plt.imshow(vpool[idx], cmap="Blues")
            if i == 3:
                plt.imshow(hdata[idx], cmap="Blues")
                plt.xlabel("H")
            if i == 4:
                plt.imshow(hpool[idx], cmap="Blues")
            plt.xticks([])
            plt.yticks([])
    plt.show()

cnn_test(ndata, 3, 3)
```

输出结果

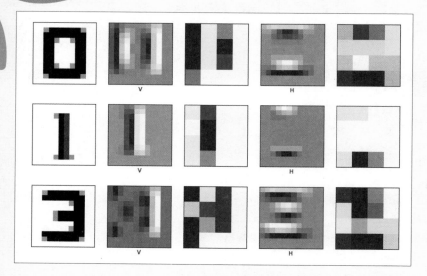

 结果还不错，最左边是原图，原图右边的两张图是通过"竖线强调滤波器"卷积层的图像和通过池化层的图像。

 竖线被强调了。能看出"0"有两条竖线，"1"有一条竖线。"3"看不太清楚是几竖线。

 再往右的两张图是通过"横线滤波器"卷积层的图像和通过池化层的图像。

 这次强调横线了。"0"有两条横线，"1"有一条短线，"3"好像有三条横线。原来计算机是这样看的啊。

 这只是个小实验，已经能看出滤波器的效果了。

用 MNIST 数据测试

山羊博士，MNIST 数据是不是也能被强调竖线和横线？

这只是用于小实验的滤波器，我也不知道能不能，不过挺有趣，我们来试试看吧。使用清单 5.13 中的代码处理 5 个数字图像。

【输入代码】清单 5.13

```
from keras.datasets import mnist
(x_train, y_train),(x_test, y_test) = mnist.load_data()
x_train, x_test = x_train / 255.0, x_test / 255.0
cnn_test(x_test, 5, 5)
```

输出结果

```
Downloading data from https://storage.googleapis.com/
    tensorflow/tf-keras-datasets/mnist.npz
11490434/11490434 [==============================] - 0s 0us/step
```

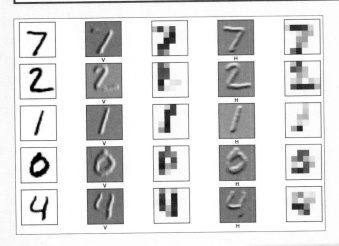

成功了！竖线和横线都被强调了。

好。接下来使用 MNIST 中的服饰数据试试吧（见清单 5.14）！

【输入代码】清单 5.14

```
from keras.datasets import fashion_mnist
(x_train, y_train),(x_test, y_test) = fashion_mnist.load_data()
x_train, x_test = x_train / 255.0, x_test / 255.0
cnn_test(x_test, 5, 5)
```

输出结果

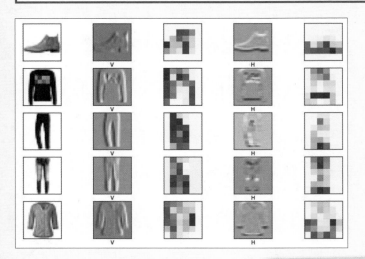

也强调竖线和横线了，真好玩！

第 24 课

CNN 学习彩色图像
（CIFAR-10）

学习彩色图像起初并不顺利，这次我们用 CNN 试试看吧。结果会如何呢？

下面使用 CNN 学习彩色图像吧，除了使用 CNN，其他部分与第 22 课的基本相同，我们可以重复第 22 课的内容。

在 Drive 上新建 Google Colab 的笔记本文件，❶ 将文件名修改为"DLtest5-03.ipynb"。

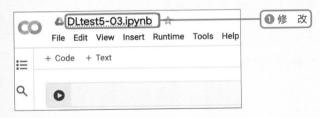

 数据的准备和确认

复制清单 5.1 中的代码，导入库（见清单 5.15）。

【输入代码】清单 5.15

```python
import matplotlib
import numpy as np
import keras
from keras import layers
import matplotlib.pyplot as plt


# 中文字体
!wget -O simhei.ttf "https://www.wfonts.com/download/data/
2014/06/01/simhei/chinese.simhei.ttf"
matplotlib.font_manager.fontManager.addfont('simhei.ttf')
matplotlib.rc('font', family='SimHei')
```

复制清单 5.2 中的代码读取彩色图像（见清单 5.16）。

【输入代码】清单 5.16

```python
from keras.datasets import cifar10
(x_train, y_train),(x_test, y_test) = cifar10.load_data()
x_train, x_test = x_train / 255.0, x_test / 255.0


print(f" 训练数据（问题图像）：{x_train.shape}")
print(f" 测试数据（问题图像）：{x_test.shape}")
```

输出结果

```
Downloading data from https://www.cs.toronto.edu/~kriz/cifar-
   10-python.tar.gz
170498071/170498071 [==============================] - 2s 0us/step
训练数据（问题图像）：(50000, 32, 32, 3)
测试数据（问题图像）：(10000, 32, 32, 3)
```

复制清单 5.3 中有关分类名称的代码（见清单 5.17）。

【输入代码】清单 5.17

```
class_names = ["飞机","汽车","鸟","猫","鹿",
               "狗","青蛙","马","船","卡车"]
```

 制作模型并学习

下面使用 CNN 制作模型（见清单 5.18）。先添加卷积层和池化层。制作卷积层使用的是"layers.Conv2D（滤波器数，尺寸，激活函数）"，制作池化层使用的是"layers.MaxPooling2D（尺寸）"。

和制作全连接层一样呀。

为了防止过拟合，我们用"layer.Dropout(随机失活率)"添加"放弃层"。

放弃层？

放弃层能防止过拟合训练数据，是一种随机删除人工神经元的方法，能有效降低网络整体复杂性。

要删除好不容易学会的东西？这有点像人类的"遗忘"。

的确很像。比起满脑子都是题，随着时间推移稍微忘记一些知识可能会使头脑更清晰。

第24课

用它来学习

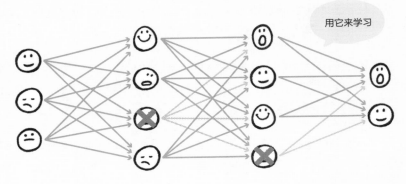

173

| 输入层（32×32×3） | 输入层 |

| 卷积层（32） |
| 池化层（2×2） |
| 放弃层（0.2） |
| 卷积层（64） |
| 池化层（2×2） | 中间层 |
| 放弃层（0.2） |
| 全连接层（64） |
| 放弃层（0.2） |
| 全连接层（32） |

| 输出层（10） | 输出层 |

【输入代码】清单 5.18

```python
model = keras.models.Sequential()
model.add(layers.Conv2D(32, (5, 5), activation="relu",
input_shape=(32, 32, 3)))
model.add(layers.MaxPooling2D((2, 2)))
model.add(layers.Dropout(0.2))
model.add(layers.Conv2D(64, (5, 5), activation="relu"))
model.add(layers.MaxPooling2D((2, 2)))
model.add(layers.Dropout(0.2))
model.add(layers.Flatten())
model.add(layers.Dense(64, activation='relu'))
model.add(layers.Dropout(0.2))
model.add(layers.Dense(32, activation="relu"))
model.add(layers.Dense(10, activation="softmax"))
model.summary(line_length=120)
```

第 一 层 使 用 `layers.Conv2D(32,(5,5),activation="relu",inp ut_shape=(32,32,3))` 读取 32 像素 ×32 像素 ×3（RGB）的图像，并使用

了 32 个 5×5 的滤波器。下一层用 **layers.MaxPooling2D((2,2))** 将图像划分为"2×2"的小区域。再下层用 **layers.Dropout(0.2)** 放弃 20% 的人工神经元防止过拟合。重复一次该过程后，用 **layers.Flatten()** 将图像数据转换为一维矩阵，并制作全连接层。本次的层名较长，我们用 **model.Summary(line-length=120)** 增加每行的字符数。

输出结果

```
Model: "sequential"

Layer (type)                      Output Shape              Param #
=================================================================
conv2d (Conv2D)                   (None, 28, 28, 32)        2432
max_pooling2d (MaxPooling2D)      (None, 14, 14, 32)        0
dropout (Dropout)                 (None, 14, 14, 32)        0
conv2d_1 (Conv2D)                 (None, 10, 10, 64)        51264
max_pooling2d_1 (MaxPooling2D)    (None, 5, 5, 64)          0
dropout_1 (Dropout)               (None, 5, 5, 64)          0
flatten (Flatten)                 (None, 1600)              0
dense (Dense)                     (None, 64)                102464
dropout_2 (Dropout)               (None, 64)                0
dense_1 (Dense)                   (None, 32)                2080
dense_2 (Dense)                   (None, 10)                330
=================================================================
Total params: 158570 (619.41 KB)
Trainable params: 158570 (619.41 KB)
Non-trainable params: 0 (0.00 Byte)
```

（受篇幅所限，已压缩空白部分。）

层数增加了！

下面就来学习吧。复制清单 5.6 中的代码（见清单 5.19 ）。

【输入代码】清单 5.19

```
model.compile(optimizer="adam",
              loss="sparse_categorical_crossentropy",
              metrics=["accuracy"])

history = model.fit(x_train, y_train, epochs=20,
                    validation_data=(x_test, y_test))
```

第 24 课

```
test_loss, test_acc =model.evaluate(x_test, y_test)
print(f" 测试数据的正确率是 {test_acc:.2%}。")
```

输出结果

```
Epoch 1/20
1563/1563 [==============================] - 110s 69ms/step - loss:
  1.7035 - accuracy: 0.3714 - val_loss: 1.4281 - val_accuracy:
  0.4680
Epoch 2/20
（略）
Epoch 19/20
1563/1563 [==============================] - 7s 5ms/step - loss:
  0.8316 - accuracy: 0.7076 - val_loss: 0.8286 - val_accuracy:
  0.7135
Epoch 20/20
1563/1563 [==============================] - 8s 5ms/step - loss:
  0.8175 - accuracy: 0.7138 - val_loss: 0.8395 - val_accuracy:
  0.7060
313/313 [==============================] - 1s 3ms/step - loss:
  0.8395 - accuracy: 0.7060
测试数据的正确率是 70.60%。
```

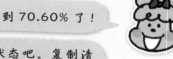

正确率上升到 70.60% 了！

比刚才的学习效果好，我们再看看训练状态吧。复制清
单 5.7 中的代码（见清单 5.20）。

【输入代码】清单 5.20

```
param = [[" 正确率 ", "accuracy", "val_accuracy"],
         [" 误差 ", "loss", "val_loss"]]
plt.figure(figsize=(10,4))
for i in range(2):
    plt.subplot(1, 2, i+1)
    plt.title(param[i][0])
    plt.plot(history.history[param[i][1]], "o-")
    plt.plot(history.history[param[i][2]], "o-")
    plt.xlabel(" 训练次数 ")
    plt.legend([" 训练 "," 测试 "], loc="best")
```

```
    if i==0:
        plt.ylim([0,1])
plt.show()
```

输出结果

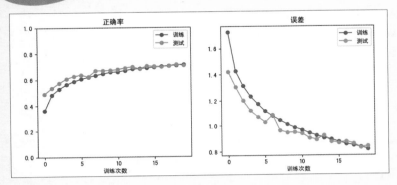

正确率提高了，误差也降低了。虽然还不够完美，但已经有所改善了。

提供数据并预测

复制清单5.8中的代码来看看数据的预测吧（见清单5.21）。

【输入代码】清单5.21

```
pre = model.predict(x_test)

plt.figure(figsize=(12,10))
for i in range(20):
    plt.subplot(4,5,i+1)
    plt.xticks([])
    plt.yticks([])
```

```
        plt.imshow(x_test[i])

        index = np.argmax(pre[i])
        pct = pre[i][index]
        ans = ""
        if index != y_test[i]:
            ans = "x--o["+class_names[y_test[i][0]]+"]"
        lbl = f"{class_names[index]} ({pct:.0%}){ans}"
        plt.xlabel(lbl)
    plt.show()
```

输出结果

```
313/313 [==============================] - 1s 4ms/step
```

猫（77%）　船（80%）　船（31%）　飞机（90%）　青蛙（57%）

青蛙（65%）　汽车（81%）　青蛙（98%）　猫（76%）　汽车（54%）

飞机（37%）　卡车（100%）　狗（62%）　马（98%）　卡车（100%）

船（92%）　狗（66%）　马（44%）　船（96%）　青蛙（99%）

（为便于查看，本书将图像下面的文字进行了放大。）

正确率提高了！

误差降低了！

看来它成功地抓住了图像的特征啊。

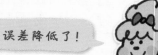

将中间层可视化

计算机抓住了什么特征呢？我希望能在图像中直观地看到，就像在小实验中所做的那样。

那我们看看中间层都出现了什么图像。为此，我们要确认各个中间层的层名。为了后续使用，还要将各层的状态记录在变量 outputs 中。现在运行清单 5.22 中的代码吧。

【输入代码】清单 5.22

```
hidden_layers = []
for i, val in enumerate(model.layers):
    print(f"{i} : {val.name}")
    hidden_layers.append(val.output)

hidden_model = keras.models.Model(inputs=model.inputs,
outputs=hidden_layers)
outputs = hidden_model.predict(x_test)
```

输出结果

```
0 : conv2d
1 : max_pooling2d
2 : dropout
3 : conv2d_1
4 : max_pooling2d_1
5 : dropout_1
6 : flatten
7 : dense
8 : dropout_2
9 : dense_1
10 : dense_2
313/313 [==============================] - 1s 2ms/step
```

第24课

编号0对应"conv2d"，是第一个卷积层。编号1对应
"max_pooling2d"，是第一个池化层。我们来看看这
两层的图像状态，你想看什么的图像？

我想看飞机！

那就看编号10对应的飞机吧（见清单5.23）。

【输入代码】清单5.23

```
i = 10
plt.imshow(x_test[i])
plt.xlabel(class_names[y_test[i][0]])
plt.show()
```

输出结果

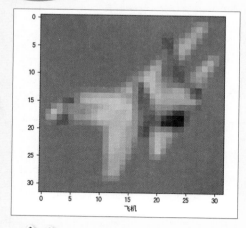

飞机来了！

我们来看看卷积层上的飞机图像是什么样子的（见清
单5.24）。

【输入代码】清单 5.24

```
def disp_hidden_data(data, w):
    plt.figure(figsize=(12,8))
    num = data.shape[2]
    for i in range(num):
        plt.subplot(int(num/w) + 1, w, i+1)
        plt.xticks([])
        plt.yticks([])
        plt.imshow(data[:,:,i], cmap="Blues")
# 0 : conv2d
disp_hidden_data(outputs[0][i], 8)
```

输出结果

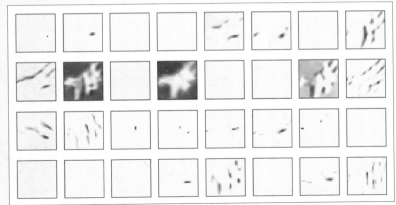

好有趣！出现这么多张图。

在该层中，我指定了"layers.Conv2D(32,(5,5))……"，即使用了 32 个不同的滤波器，所以出现了 32 张图。

有的图上能看出飞机的部分轮廓，有的图上能模糊地看出整体形状。

接下来看看池化层上的图像吧（见清单 5.25）。

【输入代码】清单 5.25

```
# 1 : max_pooling2d
disp_hidden_data(outputs[1][i], 8)
```

输出结果

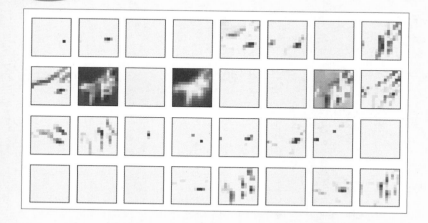

成功压缩并保留特征了呢。

使用这些特征就能顺利学习图像了。

可是还有好多白色的图没有图案呢。

并不是所有滤波器都能成功提取特征。白色的图就是没能提取飞机特征的图。但即使这次没成功，它也有可能提取出汽车或猫等其他图像的特征。

所以白色的图是不擅长提取飞机特征的滤波器生成的图。

是的。学习是随机进行的，每次擅长的情况都不同。CNN 的原理就是"使用大量滤波器寻找特征"。

第 6 章
尝试更多分类

引 言

学习猫狗图像数据

猫　狗　狗　狗　狗

狗　猫　猫　狗　猫

狗　狗　狗　狗　猫

狗　猫　狗　猫　狗

（为便于查看，本书将图像下面的文字进行了放大。）

尝试扩充数据吧！

使用已训练的模型

扩充数据？
用什么方法呢？

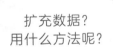

lionfish (99.9%)
puffer (0.1%)
coral_reef (0.0%)
spiny_lobster (0.0%)
sea_anemone (0.0%)

king_penguin (100.0%)
toucan (0.0%)
prairie_chicken (0.0%)
magpie (0.0%)
albatross (0.0%)

loggerhead (85.3%)
leatherback_turtle (14.7%)
terrapin (0.0%)
great_white_shark (0.0%)
dugong (0.0%)

daisy (99.8%)
bee (0.0%)
ant (0.0%)
pot (0.0%)
admiral (0.0%)

pizza (98.9%)
potpie (0.3%)
trifle (0.2%)
plate (0.1%)
spatula (0.1%)

espresso (66.8%)
cup (19.1%)
soup_bowl (4.1%)
coffee_mug (2.8%)
consomme (2.2%)

fountain_pen (97.2%)
ballpoint (2.6%)
rubber_eraser (0.1%)
screwdriver (0.0%)
lipstick (0.0%)

computer_keyboard (74.7%)
space_bar (19.0%)
mouse (2.1%)
typewriter_keyboard (1.6%)
notebook (1.0%)

第25课

用 CNN 学习猫狗图像

学习需要大量数据，但有时我们无法收集大量数据。下面尝试增加数据吧。

山羊博士，我想让计算机学习，可是收集数据太麻烦了。我可收集不到 6 万张图片啊。

准备大量的训练数据的确很难，使数据扩充方法可以在一定程度上增加数据。

怎么做呢？

我们就用刚才的 CIFAR-10 训练集做实验吧。从 CIFAR-10 训练集中提取猫和狗的图像数据。

特意让数据少些？

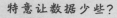

就用这些数据进行"猫狗图像的学习"。

先在 Drive 上新建 Google Colab 的笔记本文件，❶ 将文件名修改为 "DLtest6-01.ipynb"。

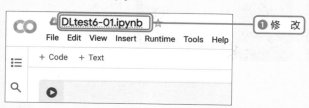

数据的准备和确认

使用第 5 章的代码，先复制清单 5.1 中的代码导入库（见清单 6.1）。

【输入代码】清单 6.1

```
import matplotlib
import numpy as np
import keras
from keras import layers
import matplotlib.pyplot as plt


# 中文字体
!wget -O simhei.ttf "https://www.wfonts.com/download/data/
2014/06/01/simhei/chinese.simhei.ttf"
matplotlib.font_manager.fontManager.addfont('simhei.ttf')
matplotlib.rc('font', family='SimHei')
```

复制清单 5.2 中的代码提取 CIFAR-10 训练集数据（见清单 6.2）。

【输入代码】清单 6.2

```
from keras.datasets import cifar10
(x_train, y_train),(x_test, y_test) = cifar10.load_data()
x_train, x_test = x_train / 255.0, x_test / 255.0


print(f"训练数据（问题图像）：{x_train.shape}")
print(f"测试数据（问题图像）：{x_test.shape}")
```

```
Downloading data from https://www.cs.toronto.edu/~kriz/cifar-
    10-python.tar.gz
170498071/170498071 [==============================] - 3s 0us/step
训练数据（问题图像）: (50000, 32, 32, 3)
测试数据（问题图像）: (10000, 32, 32, 3)
```

然后从提取的数据中选出猫图像数据和狗图像数据。猫的编号是"3"，狗的编号是"5"，提取这两个编号的数据就可以做成猫图像数据和狗图像数据（见清单 6.3）。

【输入代码】清单 6.3

```python
y_train, y_test = y_train.flatten(), y_test.flatten()

cat_train = x_train[np.where(y_train==3)]
dog_train = x_train[np.where(y_train==5)]
cat_test = x_test[np.where(y_test==3)]
dog_test = x_test[np.where(y_test==5)]

print(" 猫训练数据: ", len(cat_train))
print(" 狗训练数据: ", len(dog_train))
print(" 猫测试数据: ", len(cat_test))
print(" 狗测试数据: ", len(dog_test))
```

y_train 和 y_test 是二维数据，为便于处理，用 flatten() 将其转换为一维数据。使用 x_train[np.where(y_train==3)] 从所有训练数据中提取分类是 3 的数据，使用 x_train[np.where(y_train==5)] 提取分类是 5 的数据。以同样方法提取测试数据。

```
猫训练数据:  5000
狗训练数据:  5000
猫测试数据:  1000
狗测试数据:  1000
```

训练数据各有 5000 张，测试数据各有 1000 张，变少了呢。

下面确认是不是真的只有猫和狗的图像（见清单 6.4 和清单 6.5）。

【输入代码】清单 6.4

```python
def disp_testdata(xdata, namedata):
    plt.figure(figsize=(12,10))
    for i in range(20):
        plt.subplot(4,5,i+1)
        plt.xticks([])
        plt.yticks([])
        plt.imshow(xdata[i])
        plt.xlabel(namedata)
    plt.show()

disp_testdata(cat_train, " 猫 ")
```

输出结果

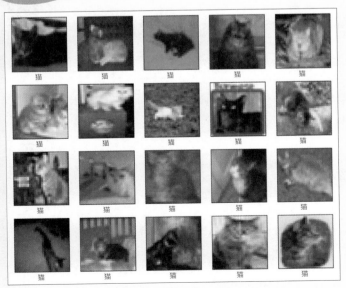

（为便于查看，本书将图像下面的文字进行了放大。）

小猫咪！

第25课

【输入代码】清单 6.5

```
disp_testdata(dog_train, "狗")
```

输出结果

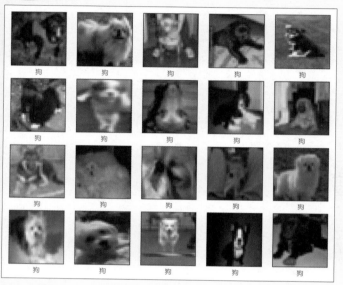

（为便于查看，本书将图像下面的文字进行了放大。）

小狗狗！

一个全是猫图像数据，一个全是狗图像数据了。

下面把两份数据混合，制作学习数据和测试数据吧（见清单 6.6）。将猫编号为"0"，狗编号为"1"，混合后显示这些数据。

【输入代码】清单 6.6

```
class_names = ["猫", "狗"]


x_train = np.concatenate((cat_train, dog_train))
x_test = np.concatenate((cat_test, dog_test))


y_train = np.concatenate((np.full(5000, 0), np.full(5000, 1)))
y_test = np.concatenate((np.full(1000, 0), np.full(1000, 1)))
```

```
np.random.seed(1)
np.random.shuffle(x_test)
np.random.seed(1)
np.random.shuffle(y_test)


plt.figure(figsize=(12,10))
for i in range(20):
    plt.subplot(4,5,i+1)
    plt.xticks([])
    plt.yticks([])
    plt.imshow(x_test[i])
    plt.xlabel(class_names[y_test[i]])
plt.show()
```

使用 **x_train=np.concatenate((cat_train,dog_train))** 可以在猫数据中添加狗图像数据，并制作训练数据的问题（**x_train**）。同理制作测试数据的问题（**x_test**）。

接下来制作表示图像分类编号的训练数据答案（**y_train**）。使用 **y_train=np.concatenate((np.full(5000,0),np.full(5000.1)))** 可以在 5000 个 0 中添加 5000 个 1。同理制作测试数据的答案（**y_test**）。

用 **np.random.seed(1)** 设定随机的开始位置，用 **np.random.shuffle(x_test)** 混合数据，再次设定随机的开始位置，用 **np.random.shuffle(y_test)** 混合数据，可以制作排列顺序完全相同的混合数据。

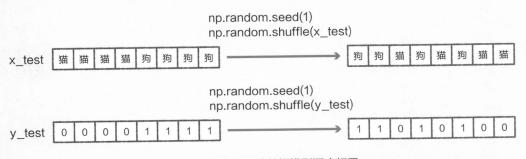

混合使两种数据排列顺序相同

输出结果

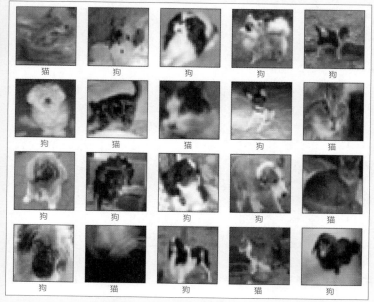

猫　狗　狗　狗　狗

狗　猫　猫　狗　猫

狗　狗　狗　狗　猫

狗　猫　狗　猫　狗

（为便于查看，本书将图像下面的文字进行了放大。）

猫图像数据和狗图像数据混合了。

 ## 制作模型并学习

 使用清单5.18中的代码制作模型（见清单6.7）。而且由于数据是狗图像数据和猫图像数据两种，倒数第二行"layers.Dence"的值要从"10"修改为"2"。

【输入代码】清单6.7

```
model = keras.models.Sequential()
model.add(layers.Conv2D(32, (5, 5), activation="relu",
input_shape=(32, 32, 3)))
model.add(layers.MaxPooling2D((2, 2)))
model.add(layers.Dropout(0.2))
model.add(layers.Conv2D(64, (5, 5), activation="relu"))
```

```
model.add(layers.MaxPooling2D((2, 2)))
model.add(layers.Dropout(0.2))
model.add(layers.Flatten())
model.add(layers.Dense(64, activation='relu'))
model.add(layers.Dropout(0.2))
model.add(layers.Dense(32, activation="relu"))
model.add(layers.Dense(2, activation="softmax")) #2
model.summary(line_length=120)
```

输出结果

```
Model: "sequential"

Layer (type)                        OutputShape                Param #
=====================================================================
 conv2d (Conv2D)                    (None, 28, 28, 32)         2432
 max_pooling2d (MaxPooling2D)       (None, 14, 14, 32)         0
 dropout (Dropout)                  (None, 14, 14, 32)         0
 conv2d_1 (Conv2D)                  (None, 10, 10, 64)         51264
 max_pooling2d_1 (MaxPooling2D)     (None, 5, 5, 64)           0
 dropout_1 (Dropout)                (None, 5, 5, 64)           0
 flatten (Flatten)                  (None, 1600)               0
 dense (Dense)                      (None, 64)                 102464
 dropout_2 (Dropout)                (None, 64)                 0
 dense_1 (Dense)                    (None, 32)                 2080
 dense_2 (Dense)                    (None, 2)                  66
=====================================================================
Total params: 158306 (618.38 KB)
Trainable params: 158306 (618.38 KB)
Non-trainable params: 0 (0.00 Byte)
```

（受篇幅所限，已压缩空白部分。）

下面开始学习，由于图像较少，学习起来有困难，因此复制清单 5.6 中的代码，将训练次数增加到 30 次（见清单 6.8）。

第25课

193

【输入代码】清单 6.8

```
model.compile(optimizer="adam",
              loss="sparse_categorical_crossentropy",
              metrics=["accuracy"])

history = model.fit(x_train, y_train, epochs=30,
                    validation_data=(x_test, y_test))

test_loss, test_acc =model.evaluate(x_test, y_test)
print(f" 测试数据的正确率是 {test_acc:.2%}。")
```

输出结果

```
Epoch 1/30
313/313 [==============================] - 7s 7ms/step - loss:
  0.6774 - accuracy: 0.5718 - val_loss: 0.6736 - val_accuracy:
  0.5775
（略）
Epoch 29/30
313/313 [==============================] - 1s 4ms/step - loss:
  0.2309 - accuracy: 0.9010 - val_loss: 0.6595 - val_accuracy:
  0.7330
Epoch 30/30
313/313 [==============================] - 1s 5ms/step - loss:
  0.2332 - accuracy: 0.9040 - val_loss: 0.6591 - val_accuracy:
  0.7350
63/63 [==============================] - 0s 3ms/step - loss:
  0.6591 - accuracy: 0.7350
测试数据的正确率是 73.50%。
```

正确率是 73.50% 啊，是不是不太好？

复制清单 5.7 中的代码查看训练状态吧（见清单 6.9）。

【输入代码】清单 6.9

```
param = [[" 正确率 ", "accuracy", "val_accuracy"],
         [" 误差 ", "loss", "val_loss"]]

plt.figure(figsize=(10,4))

for i in range(2):
    plt.subplot(1, 2, i+1)
    plt.title(param[i][0])
    plt.plot(history.history[param[i][1]], "o-")
    plt.plot(history.history[param[i][2]], "o-")
    plt.xlabel(" 训练次数 ")
    plt.legend([" 训练 "," 测试 "], loc="best")
    if i==0:
        plt.ylim([0,1])
plt.show()
```

输出结果

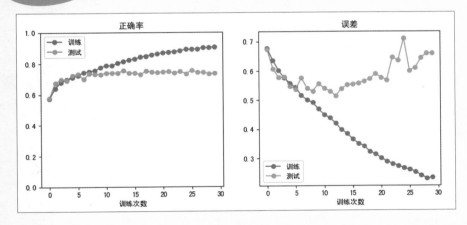

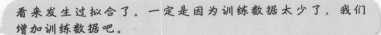

嗯？从中间开始正确率就不再提高了，误差也不再下降。

看来发生过拟合了。一定是因为训练数据太少了，我们增加训练数据吧。

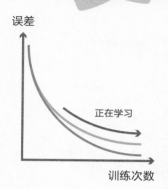

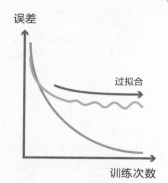

 ## 训练数据的数据扩充

怎么增加训练数据呢?

用现有图像制作略有不同的图像来扩充数据。我们可以通过随机旋转、移动或水平翻转等修改图像,修改之后的还是猫、狗图像。

还可以这样增加呀?

学习略有变化的图像相当于学习多种多样的数据,可以防止过拟合。

可以继续扩充数据吗?

当然可以,不过过度扩充会降低预测水平,因此掌握好平衡十分重要。使用 Keras 库中的"ImageDataGenerator()"可以进行数据扩充,使用方法见清单 6.10。

【输入代码】清单 6.10

```
from keras.preprocessing.image import ImageDataGenerator
```

```
datagen = ImageDataGenerator(
    rotation_range = 30,
    width_shift_range = 0.1,
    height_shift_range = 0.1,
    zoom_range = 0.1,
    horizontal_flip=True,
)
g = datagen.flow(x_test, y_test,  shuffle=False)
g_imgs1 = []
x_g, y_g = g.next()
g_imgs1.extend(x_g)

g = datagen.flow(x_test, y_test,  shuffle=False)
g_imgs2 = []
x_g, y_g = g.next()
g_imgs2.extend(x_g)

plt.figure(figsize=(12, 6))
for i in range(6):
    plt.subplot(3, 6, i+1)
    plt.imshow(x_test[i], cmap="Greys")
    plt.title(class_names[y_g[i]])

for i in range(6):
    plt.subplot(3, 6, i+7)
    plt.imshow(g_imgs1[i])

for i in range(6):
    plt.subplot(3, 6, i+13)
    plt.imshow(g_imgs2[i])
plt.show()
```

在 ImageDataGenerator() 可以用 rotation_range 修改旋转量，用 width_shift_range 和 height_shift_range 修改移动量，用 zoom_range 进行缩放，用 horizontal_flip 水平翻转图像。

第
25
课

输出结果

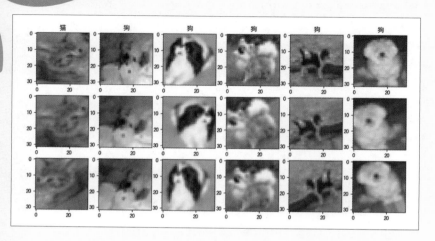

第一行是原图，下面两行是扩充的图像，有的水平翻转了，有的略微旋转了，有的略微移动了。

看起来几乎一样，但对计算机来说就是不同的数据呀！

我们通过"添加学习"让刚才的模型进一步学习略有变化的图像数据。

什么意思？

只要在刚才的模型上进一步使用"fit()"即可。通过"datagen.flow(x_train,y_train)"即可使模型学习扩充图像数据（见清单 6.11）。

【输入代码】清单 6.11

```
model.compile(optimizer="adam",
              loss="sparse_categorical_crossentropy",
              metrics=["accuracy"])
history = model.fit(x_train, y_train, epochs=30,
                    validation_data=(x_test, y_test))
test_loss, test_acc =model.evaluate(x_test, y_test)
print(f"测试数据的正确率是 {test_acc:.2%}。")
```

输出结果

```
Epoch 1/30
313/313 [==============================] - 5s 5ms/step - loss:
  0.2292 - accuracy: 0.9066 - val_loss: 0.6265 - val_accuracy:
  0.7425
(略)
Epoch 29/30
313/313 [==============================] - 2s 6ms/step - loss:
  0.1403 - accuracy: 0.9449 - val_loss: 0.7210 - val_accuracy:
  0.7495
Epoch 30/30
313/313 [==============================] - 2s 7ms/step - loss:
  0.1379 - accuracy: 0.9460 - val_loss: 0.7409 - val_accuracy:
  0.7520
63/63 [==============================] - 0s 2ms/step - loss:
  0.7409 - accuracy: 0.7520
测试数据的正确率是 75.20%。
```

哦！正确率上升到 75.20% 了。

复制清单 6.9 中的代码查看训练状态（见清单 6.12）。

【输入代码】清单 6.12

```python
param = [[" 正确率 ", "accuracy", "val_accuracy"],
        [" 误差 ", "loss", "val_loss"]]

plt.figure(figsize=(10,4))

for i in range(2):
    plt.subplot(1, 2, i+1)
    plt.title(param[i][0])
    plt.plot(history.history[param[i][1]], "o-")
    plt.plot(history.history[param[i][2]], "o-")
    plt.xlabel(" 训练次数 ")
    plt.legend([" 训练 "," 测试 "], loc="best")
    if i==0:
        plt.ylim([0,1])
plt.show()
```

第 25 课

输出结果

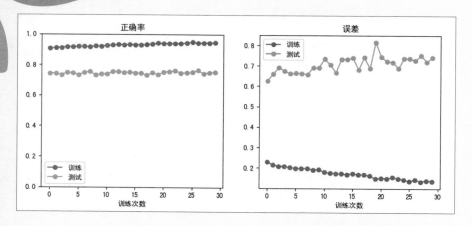

正确率一下子就提高了。

这只是在之前的学习中添加了部分图像数据。不过正确率的确提高了，误差也降低了。

 提供数据并预测

下面提供测试数据（问题）并使之预测答案吧（见清单6.13）。

【输入代码】清单6.13

```python
pre = model.predict(x_test)


plt.figure(figsize=(12,10))
for i in range(20):
    plt.subplot(4,5,i+1)
    plt.xticks([])
    plt.yticks([])
    plt.imshow(x_test[i])
```

```
        index = np.argmax(pre[i])
        pct = pre[i][index]
        ans = ""
        if index != y_test[i]:
            ans = "x--o["+class_names[y_test[i]]+"]"
        lbl = f"{class_names[index]} ({pct:.0%}){ans}"
        plt.xlabel(lbl)
    plt.show()
```

输出结果

```
63/63 [==============================] - 0s 3ms/step
```

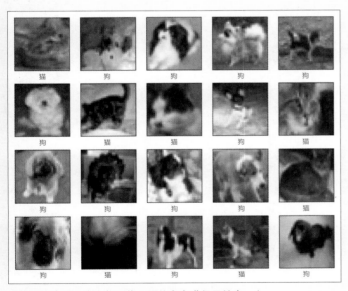

（为便于查看，本书将图像下面的文字进行了放大。）

啊，答对了大多数。只有一次把猫认成了狗。

第26课

让已训练模型工作

世界上有许多已经完成复杂学习的"已训练模型"。下面我们就来试试这些"已训练模型。"

目前只能对 10 种事物进行分类，还能对更多事物进行分类吗？

当然能了。只不过要增加层数，需要很长的时间，比较麻烦。但我们可以使用已经完成学习的模型。

可以用吗？

可以。比如名为"VGG16"的已训练模型，可以在导入 Keras 库后读取并使用。这种模型可以对 1000 种不同分类的图像进行分类。

这么多！我想看看！

先在 Drive 上新建 Google Colab 的笔记本文件，❶ 将文件名修改为"DLtest6-02.ipynb"。

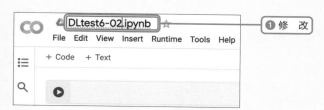

❶ 修 改

创建已训练模型 VGG16

VGG16 包含在 Keras 库中, 只要用 import 导入就可以使用（见清单 6.14 ）。

【输入代码】清单 6.14

```
from keras.applications.vgg16 import VGG16
model = VGG16()
```

一下子就结束训练了!

VGG16 这个名字来源于牛津大学的 VGG (Visual Geometry Group, 视觉几何组) 开发的具有 16 个卷积层的模型。我们来看一看吧（见清单 6.15 ）。

【输入代码】清单 6.15

```
model.summary(line_length=120)
```

输出结果

```
Model: "vgg16"

Layer (type)                    Output Shape               Param #
=================================================================
input_1 (InputLayer)          [(None, 224, 224, 3)]      0
block1_conv1 (Conv2D)          (None, 224, 224, 64)       1792
block1_conv2 (Conv2D)          (None, 224, 224, 64)       36928
block1_pool (MaxPooling2D)     (None, 112, 112, 64)       0
block2_conv1 (Conv2D)          (None, 112, 112, 128)      73856
block2_conv2 (Conv2D)          (None, 112, 112, 128)      147584
block2_pool (MaxPooling2D)     (None, 56, 56, 128)        0
block3_conv1 (Conv2D)          (None, 56, 56, 256)        295168
block3_conv2 (Conv2D)          (None, 56, 56, 256)        590080
```

```
block3_conv3 (Conv2D)          (None, 56, 56, 256)          590080
block3_pool (MaxPooling2D)     (None, 28, 28, 256)          0
block4_conv1 (Conv2D)          (None, 28, 28, 512)          1180160
block4_conv2 (Conv2D)          (None, 28, 28, 512)          2359808
block4_conv3 (Conv2D)          (None, 28, 28, 512)          2359808
block4_pool (MaxPooling2D)     (None, 14, 14, 512)          0
block5_conv1 (Conv2D)          (None, 14, 14, 512)          2359808
block5_conv2 (Conv2D)          (None, 14, 14, 512)          2359808
block5_conv3 (Conv2D)          (None, 14, 14, 512)          2359808
block5_pool (MaxPooling2D)     (None, 7, 7, 512)            0
flatten (Flatten)             (None, 25088)                0
fc1 (Dense)                   (None, 4096)                 102764544
fc2 (Dense)                   (None, 4096)                 16781312
predictions (Dense)           (None, 1000)                 4097000
=====================================
Total params: 138357544 (527.79 MB)
Trainable params: 138357544 (527.79 MB)
Non-trainable params: 0 (0.00 Byte)
```

（受篇幅所限，已压缩空白部分。）

好厉害！好像不止 16 层啊。

因为其中还有池化层和全连接层。参数多达 1.3 亿个呢。
这是一种大规模的深度学习，训练需要很长的时间。

1.3 亿个！

ChatGPT 使用的参数更多呢。据说 GPT-3 有 1750 亿个，
GPT-4 有数万亿个。

哇！所以才那么聪明啊。

 ## 读取数据，提供数据并预测

下面向 VGG16 提供数据，并使其预测图像吧。为此我们
需要准备让它预测的图像。扫描本书封底的二维码下载
已经为大家准备好的 9 张图像。

img1.jpg
img2.jpg
img3.jpg
img4.jpg
img5.jpg

img6.jpg
img7.jpg
img8.jpg
test.jpg

我们要把这些图像上传到 Google Colab，❶ 先点击笔记本左侧的"文件夹"按钮，❷ 在打开的区域内拖放并上传 9 张图像。

必须用这些图像吗？

也可以使用自己的图像。使用代码可以将图像转换为 224 像素 ×224 像素的图像，因此，可以用任意大小的正方形图像。

❶点 击

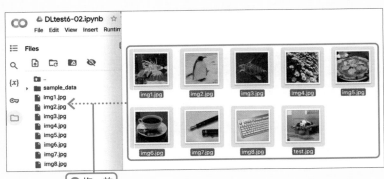
❶拖 放

第26课

205

Warning

Ensure that your files are saved elsewhere. This runtime's files will be deleted when this runtime is terminated. More info

OK

出现警告（Warning）了！这句话是什么意思？

这句话的意思是运行结束90分钟后，上传的文件会自动消失（90分钟规则）。我们正常使用是没问题的，注意保存文件即可。接下来，我们让 VGG16 预测图像内容。先预测一张图像（见清单 6.16）。预测的图像是"test.jpg"。

【输入代码】清单 6.16

```
!pip install keras_preprocessing
from keras.applications.vgg16 import decode_predictions,
preprocess_input
from keras_preprocessing.image import load_img, img_to_array
import matplotlib.pyplot as plt
import numpy as np


testimg = load_img("test.jpg", target_size=(224,224))
plt.imshow(testimg)
plt.show()


data = img_to_array(testimg)
data = np.expand_dims(data, axis=0)
data = preprocess_input(data)
predicts = model.predict(data)
results = decode_predictions(predicts, top=5)[0]
for r in results:
    name = r[1]
    pct = r[2]
    print(f"这是"{name}"。（{pct:.1%}）")
```

输出结果

```
Collecting keras_preprocessing
Downloading Keras_Preprocessing-1.1.2-py2.py3-none-any.whl (42 kB)

— 42.6/42.6 kB 429.0 kB/s eta 0:00:00
Requirement already satisfied: numpy>=1.9.1 in /usr/local/lib/
   python3.10/dist-packages (from keras_preprocessing) (1.23.5)
Requirement already satisfied: six>=1.9.0 in /usr/local/lib/
   python3.10/dist-packages (from keras_preprocessing) (1.16.0)
Installing collected packages: keras_preprocessing
Successfully installed keras_preprocessing-1.1.2

1/1 [==============================] - 3s 3s/step
Downloading data from https://storage.googleapis.com/
   download.tensorflow.org/data/imagenet_class_index.json
35363/35363 [==============================] - 0s 0us/step
这是 "giant_panda"。(94.6%)
这是 "sloth_bear"。(0.7%)
这是 "skunk"。(0.3%)
这是 "American_black_bear"。(0.3%)
这是 "colobus"。(0.3%)
```

是熊猫！

熊猫趴着呢，真可爱！

预测 94.6% 的概率是大熊猫（giant_panda）。答对了。
预测是懒熊（sloth_bear）和臭鼬（skunk）等的概率
都不到 1%。

熊猫可不是臭鼬!

下面一次性预测 8 张图片吧(见清单 6.17)。

【输入代码】清单 6.17

```python
filenames = ["img1.jpg","img2.jpg","img3.jpg","img4.jpg",
             "img5.jpg","img6.jpg","img7.jpg","img8.jpg"]


img = []
plt.figure(figsize=(16,10))
for i, filename in enumerate(filenames):
    img.append(load_img(filename, target_size=(224, 224))) # 224x224
    data = img_to_array(img[i])
    data = np.expand_dims(data, axis=0)
    data = preprocess_input(data)
    predicts = model.predict(data)
    results = decode_predictions(predicts, top=5)[0]

    plt.subplot(2, 4, i+1)
    plt.xticks([])
    plt.yticks([])
    plt.imshow(img[i])

    for i, r in enumerate(results):
        name = r[1]
        pct = r[2]
        msg = f"{name} ({pct:.1%})"
        plt.text(20, 250+i*16, msg)
plt.show()
```

输出结果

```
1/1 [==============================] - 1s 608ms/step
(略)
1/1 [==============================] - 1s 804ms/step
```

lionfish (99.9%)
puffer (0.1%)
coral_reef (0.0%)
spiny_lobster (0.0%)
sea_anemone (0.0%)

king_penguin (100.0%)
toucan (0.0%)
prairie_chicken (0.0%)
magpie (0.0%)
albatross (0.0%)

loggerhead (85.3%)
leatherback_turtle (14.7%)
terrapin (0.0%)
great_white_shark (0.0%)
dugong (0.0%)

daisy (99.8%)
bee (0.0%)
ant (0.0%)
pot (0.0%)
admiral (0.0%)

pizza (98.9%)
potpie (0.3%)
trifle (0.2%)
plate (0.1%)
spatula (0.1%)

espresso (66.8%)
cup (19.1%)
soup_bowl (4.1%)
coffee_mug (2.8%)
consomme (2.2%)

fountain_pen (97.2%)
ballpoint (2.6%)
rubber_eraser (0.1%)
screwdriver (0.0%)
lipstick (0.0%)

computer_keyboard (74.7%)
space_bar (19.0%)
mouse (2.1%)
typewriter_keyboard (1.6%)
notebook (1.0%)

狮子鱼（lionfish）、帝企鹅（king_penguin）、红海龟（loggerhead）、雏菊（daisy）、比萨（pizza）、蒸馏咖啡（espresso）、钢笔（fountain_pen）、键盘（computer_keyboard）。全答对了！能看懂1000种事物也太厉害了。

我们可以通过对已训练模型追加训练，对训练进行微调，或新增数据预测哦。

学无止境

我们已经学会了深度学习原理的相关知识，那么接下来应该做什么呢？

山羊博士！深度学习好有趣啊！接下来没什么可学的了吧？

怎么会，还有好多知识要学呢。

还有吗？

擅长视觉学习的 CNN，还有擅长自然语言处理和语音识别的 RNN（循环神经网络）。

RNN？

它擅长预测连续信息，适用于机器翻译、文章概括、文本生成和语音生成等。它将人工神经元的输出返回输入，进行循环处理。很有趣哦。

啊？

还有通过与现实环境交互进行学习的"强化学习"，其广泛应用于游戏人工智能、机器人控制、广告优化和金融交易等。

我见过游戏人工智能，原来就是那个啊。

此外，最近"生成式人工智能"（Generative AI）越来越多，ChatGPT 就是其中之一。

ChatGPT 是生成式人工智能啊。

ChatGPT 是一种使用大规模语言模型的生成式人工智能，它能使用 GPT（Generative Pre-trained Transformer，生成式预训练变换器）模拟聊天，所以叫 ChatGPT。

哦。

ChatGPT 是根据字符串生成字符串的"文本生成（Text-to-Text）AI"。生成式人工智能还包括"图像生成（Text-to-Image）AI""语音合成（Text-to-Speech）AI""视频生成（Text-to-Video）AI""音乐生成（Text-To-Music）AI"等。

嗯。

对了，还有根据图像生成图像的"图像生成（Image-to-Image）AI"。

如果能组合使用会很方便呢。

所以我们今后的目标不是制造 AI，而是"充分了解 AI，最大化应用 AI"。优秀的想法能创造无所不能的时代。

我以为学完深度学习就结束了，原来还早着呢。

你才打开人工智能的大门，学无止境哦。

第27课